フードシステム入門

― 基礎からの食料経済学 ―

編著 薬師寺哲郎・中川　隆

共著 清水純一・新開章司・高橋克也・西　和盛・山口道利

建帛社
KENPAKUSHA

Introduction to Food System

はじめに

　今や私たちが支出する飲食費の約半分は加工食品であり，生鮮食品の割合は20％に満たない。つまり，従来の生鮮食材を購入して家庭で調理することを基本にすえた生活スタイルが大きく変わってきたのである。裏を返せば，農水産業と私たち消費者の間に介在する食品産業の役割が大きくなったのであり，食料をめぐる経済問題を考える際には，食品産業を含む食料の供給システム全体をとらえた「フードシステム」についての理解が不可欠になっている。

　また，このようなフードシステムの変化で近年の大きな変化は国際化の進展である。好むと好まざるとにかかわらず，現代の経済社会は国際化の波にさらされており，食料についても例外ではない。これからの食産業を考えるときには，食料をめぐる貿易の動向，WTOのルールや自由貿易協定についての最低限の知識は身に付けておかなければならない。

　本書は，わが国の食，及び食産業について学ぼうとする大学1～2年次の学生を対象とした食料経済学の教科書として企画された。食料経済学ではあるが，以上の考え方を反映して本書のタイトルは「フードシステム入門」とした。また，貿易や国際問題に関する記述も充実させた。

　編集に当たっては，幅広いテーマを取り扱いつつも，各章それぞれの記述は最低限知っておいてほしいことに絞りこんだ。一方，各章に配した演習問題には重要な論点を含むものもあり，これらに取り組むことによって各章で得られる知識をより一層深めることができよう。また，読者には，各章のコラムも併せて読んで総合的な理解に努めてほしい。

　なお，本書でフードシステムの扉を開けた読者で，更に深く学びたいと思う読者のために，巻末にこの分野の基本的な文献で比較的新しいものをいくつか掲げておいた。

2019年3月

編者　薬師寺哲郎

　　　中川　　隆

目 次

1 日本のフードシステム

1 自給自足からフードシステムへ …………………………………… 1
　（1）食料はどのようにして私たちのもとへ来たのか　1
　（2）フードシステムとは　3
2 フードシステムのフロー ……………………………………………… 4
　（1）フードシステムの今　4
　（2）フードシステムの変化　6
3 フードシステムと日本経済 …………………………………………… 7
　（1）フードシステムの経済規模　7
　（2）フードシステムと雇用　7
4 飲食費の帰属額 ………………………………………………………… 8
5 食の外部化とフードシステムの発展 ………………………………… 9
　〔コラム〕日本経済とフードシステム　10

2 食生活の現状

1 供給純食料，供給熱量の推移 ………………………………………… 11
　（1）食生活を見るための統計　11
　（2）食料供給の動向　12
2 国際比較 ………………………………………………………………… 14
　（1）経済成長に伴う穀物消費と畜産物消費　14
　（2）PFC 熱量比率の国際比較　15
3 栄養摂取の動向 ………………………………………………………… 16
4 家計食料消費支出の動向 ……………………………………………… 17
　（1）食料消費支出の動向　17
　（2）食の外部化の進展　18
5 消費者主権と食育 ……………………………………………………… 19
　〔コラム〕国際的な視点から見た和食　20

目 次

③ 食生活の変化の要因

1　エンゲル係数 …………………………………………………………… 21
2　需要量の価格弾力性と所得弾力性 …………………………………… 22
　（1）価格弾力性　22
　（2）所得弾力性　23
3　食料費支出の変化の要因 ……………………………………………… 24
　（1）食料の獲得　24
　（2）女性の社会進出　25
　（3）高齢化の進展　26
　（4）コ食の増加　26
　（5）私たちの食文化と食生活　27
　〔コラム〕ファーマーズ・マーケット　28

④ 食品製造業

1　食品製造業とは ………………………………………………………… 29
2　食品製造業の分類 ……………………………………………………… 30
3　基礎素材型の縮小，最終加工型の拡大 ……………………………… 31
4　食品製造業の構造特性 ………………………………………………… 33
　（1）従業員規模別に見た出荷額割合など　33
　（2）業種別の生産構造の特徴　34
　（3）業種別の市場構造の特徴　35
5　研究開発費の低さと広告費の多さ …………………………………… 36
6　食品製造業の海外進出 ………………………………………………… 37
　〔コラム〕イノベーション　40

⑤ 食品流通1（卸売）

1　流通の役割と組織 ……………………………………………………… 41
　（1）流通機能　41
　（2）流通組織—中間業者とその存在意義　43
2　卸売市場の仕組みと機能 ……………………………………………… 44
　（1）卸売市場の概要　44
　（2）市場流通と市場外流通　45

（3）卸売市場の構造と機能　45
　3　市場外流通の増加……………………………………………………47
　　　（1）市場外流通の増加とその要因　47
　　　（2）低下する市場機能と卸売市場法改正の動向　48
　4　加工食品の流通……………………………………………………48
　　　〔コラム〕ベジフルスタジアム　50

6　食品流通2（小売）

　1　食品小売業の役割と分類……………………………………………51
　2　小売業態の移り変わり………………………………………………51
　3　わが国のスーパーマーケットの特徴………………………………54
　4　コンビニエンスストアの革新性……………………………………56
　5　チェーンオペレーションとは………………………………………59
　　　〔コラム〕買い物弱者と買い物コスト　60

7　外食産業

　1　外食，中食，内食とは………………………………………………61
　2　マクロレベルで見た食の外部化……………………………………62
　3　外食産業の市場規模・動向…………………………………………63
　4　外食産業の拡大を支えたもの………………………………………65
　　　〔コラム〕外食産業の夜明け　68

8　中食産業

　1　中食産業とは…………………………………………………………69
　2　消費者にとっての中食………………………………………………71
　3　食品小売業から見た中食……………………………………………73
　4　食品製造業，飲食サービス業から見た中食………………………74
　5　ミール・ソリューション（MS）……………………………………77
　　　〔コラム〕ミールキット　78

v

目 次

⑨ 日本の農業

1　米の比重の低下 …………………………………………………… 79
2　兼業化，高齢化の進展 …………………………………………… 81
3　集落営農―法人化の推進 ………………………………………… 82
4　生産コストの高さ ………………………………………………… 84
5　農業に対する支援と保護 ………………………………………… 86
　　〔コラム〕日本農業の方向性　88

⑩ 食料の輸入と自給率

1　食料自給率 ………………………………………………………… 89
　（1）食料自給率とは　89
　（2）食料自給率の推移　90
　（3）食料自給率の国際比較　92
　（4）食料自給率低下の要因　92
2　食料自給力と食料安全保障 ……………………………………… 94
　（1）食料自給力　94
　（2）日本の食料安全保障　95
　（3）世界の食料安全保障　96
　　〔コラム〕鶏卵の自給率　98

⑪ 世界の人口と食料問題

1　世界の人口増加とその要因 ……………………………………… 99
　（1）マルサスの命題　99
　（2）世界人口の推移と将来推計　100
　（3）人口増加の要因　101
2　世界の飢餓状況 …………………………………………………… 102
　（1）栄養不良人口の推移　102
　（2）食料の分配　103
　　〔コラム〕持続的な開発目標（SDGs）と飢餓の撲滅　106

目　次

12 世界の食料貿易

1　農産物貿易の現状……………………………………………………………107
2　基礎的農産物の生産・消費と貿易…………………………………………109
　　（1）小　麦　109
　　（2）米　110
　　（3）とうもろこし　110
　　（4）大　豆　112
3　農産物の貿易率と価格変動…………………………………………………113
4　わが国の農林水産物輸入先の変化…………………………………………114
　　〔コラム〕ブラジルを食料大国にしたアメリカの大豆禁輸　116

13 食料をめぐる貿易問題

1　ガットからWTOへ―多角的貿易交渉の流れ……………………………117
　　（1）ガットの誕生と日本　117
　　（2）先進国の農業保護の理由とその手段　118
　　（3）国内農業保護の具体的政策手段　118
2　UR合意以前の日本の農産物市場開放の歴史……………………………119
　　（1）日本の国際化と農産物の自由化　119
　　（2）牛肉・オレンジの輸入自由化　119
3　ガット・ウルグアイ・ラウンド（UR）合意……………………………120
　　（1）UR農業交渉の背景　120
　　（2）UR農業合意における新しいルール　120
　　（3）米の関税化　120
4　WTO下における農業保護政策の変化……………………………………121
　　（1）WTOの設立　121
　　（2）WTO農業協定における農業保護削減のルール　121
5　FTA・EPA締結への動き…………………………………………………122
　　（1）FTA・EPAとは　122
　　（2）日本の2国間FTAの動向　123
　　（3）日本をめぐる地域経済協定の現状　123
　　〔コラム〕日本からの農産物輸出　126

目 次

14 食の安全と消費者の信頼

- 1 フードシステムの進化と食品安全問題 ………………………………… 127
- 2 食品衛生に関する規格と表示制度 ………………………………………… 128
  - （1）食品の規格基準　128
  - （2）食品表示と安全　128
  - （3）食品表示と遺伝子組換え食品　129
- 3 食の安全性に関するリスク分析 …………………………………………… 129
  - （1）食品のリスク　129
  - （2）食品のリスクと貿易　130
  - （3）リスクアナリシスの枠組みと日本への導入　131
- 4 GAP と HACCP ……………………………………………………………… 132
  - （1）GAP　132
  - （2）HACCP　134
  - 〔コラム〕食品トレーサビリティ　136

15 食料をめぐるいくつかの問題

- 1 食料消費と環境問題 ………………………………………………………… 137
  - （1）食品ロス　137
  - （2）食品リサイクルと容器包装リサイクル　138
  - （3）フード・マイレージと地産地消　139
- 2 子ども食堂の取組み ………………………………………………………… 139
- 3 食料と IT 技術 ……………………………………………………………… 140
  - （1）栽培管理の「見える化」　140
  - （2）スマート農業　141
- 4 6次産業化 …………………………………………………………………… 142
  - 〔コラム〕6次産業化：茶業経営の場合　143

参考図書　144
索　引　145

1 日本のフードシステム

> **サマリー**
>
> 私たちの食料を考えるとき，かつては農水産業のことを考えれば良かった。しかし，今では農水産業に加えて食品産業についての理解も深めなければならない。現在の私たちの食料は，これらを合わせた巨大なフードシステムによって供給されている。本章では，フードシステムとは何か，わが国のフードシステムがどのように発展し，現在どのような状況にあるのかを考える。

1 自給自足からフードシステムへ

（1） 食料はどのようにして私たちのもとへ来たのか

現在，私たちの身の回りには多くの食品があふれている。肉や魚などの生鮮食品もあれば，冷凍食品や調理食品のような加工食品もある。しかし，これらの食品がどのような道筋をたどって私たちの食卓に来たのかは必ずしも明らかではないのではないだろうか。食料が私たちの食卓に届くまでのおおまかな経路を歴史的経過とともにおさえておこう。

1）自給自足の時代

人類が地球上に現れてからの長い間，食料は採取・狩猟を通じて確保されてきた。続いて植物の栽培や家畜の飼育が行われるようになった。いずれにも共通しているのは，食料の生産と消費が同じ人間によって営まれる「自給自足」だったことである。この期間は実は非常に長く続いた。わが国の農村地域では1950年でも食料の多くの部分を自給していた[1]。

2）生産者と消費者の分離

経済社会の発展に伴い分業が進むと，生産者と消費者は分離し，その間に流通業が介在して，農水産物の生産者による供給と消費者による需要を調整する役割を担うようになる。なお，流通業には消費者に商品を販売する小売業と他

[1] 清水みゆき編著『食料経済（第5版）フードシステムからみた食料問題』オーム社，2016，pp.4-5.

の業者(小売業者を含む)に商品を販売する卸売業などがある。

3)食品製造業の発展

生産者から消費者までの食料の流通経路の複雑化の1つめは,農水産物の生産から消費までの時間の増大であり,これを解決するための食品加工の発達である。すなわち,保存性を持たせるために保存のきかない生鮮農水産物を加工するということである。一方,製粉のように,不要部分を取り除いて可食部分のみを取り出すという食品加工もなされた。自給自足の時代にも,食物を保存したり可食部分を取り出すためにそれぞれの家庭で加工が行われていたが,社会的分業が進み,それらを大規模に行う産業としての食品製造業が発展した。

4)農水産物輸入の増加

食料の流通経路の複雑化の2つめは,農水産物の生産と消費の間の空間的距離の増大である。特に,経済発展に伴う食料消費量の増加により,外国からの農水産物の輸入が増加した。私たちへの食料の供給は,外国の農水産業を巻き込みながら発展するようになった。農水産物の輸入は,まずは様々な食品産業で利用される小麦粉,油脂,砂糖などの原料となる農産物であって,国内生産では不足していた小麦,大豆,粗糖などから始まった[2]。

2)これらに加え,国内の畜産の発展に伴って飼料穀物(とうもろこしなど)の輸入も増加した。

この段階の食料の流通経路の姿はほぼ1960年代の高度経済成長期の姿と考えてよい。それを図にまとめると,図1-1の矢印(──→)のようになる。

5)外食産業の成立と発展

1970年代になると,すかいらーく,ロイヤルホストなどの国内資本のチェーンレストランや,マクドナルドなどの外資系のレストランの第1号店が開店し,外食産業が発展する。もちろん飲食店はそれ以前からあったが,産業として大きく発展したのは1970年代であった(図1-1の---→)。

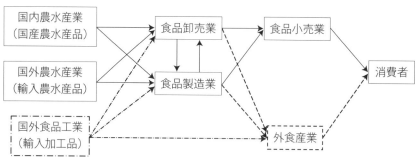

図1-1 フードシステムの変遷

資料:筆者作成

6）加工品輸入の増加

1985年のプラザ合意[3]を契機に円高が進み，輸入品の価格が安くなると食料品の輸入が増加した。これまでの原料農水産物の輸入に加え，半加工あるいは最終加工された加工食品の輸入が増加した。食品製造業や外食産業は国外で半加工された輸入加工品を用いることが多くなった（図1-1の---▶）。

7）中食産業の発展—現在

1990年代に入ると，調理することなくそのまま食べることができる料理品を購入して持ち帰り，購入した店以外の場所で食べる中食が発展した。ここでは食品製造業のうちの惣菜や弁当などの料理品を製造する部門，食品小売業のうちの料理品を販売している小売業，外食産業のうちの料理の持ち帰りを行っている部門を総称して「中食産業」と呼ぶことにする（図1-2）。現在，私たちは，コンビニで手軽に弁当やサンドイッチなどの料理品を購入してそのまま家や職場や学校などに持ち込んで食べることができる。このような便利な食生活を営めるようになったのもそれほど古いことではない。変化のスピードは速く，外食産業の成立と発展以降の変化は過去約50年の間に生じた。

3）アメリカの膨大な貿易赤字を背景に，1985年9月にニューヨークのプラザホテルで開かれた5カ国蔵相・中央銀行総裁会議でドル高是正が合意された。これが大幅な円高をもたらした。

(2) フードシステムとは

以上のように，現在では原料農水産物が生産されてから私たちの食卓に届くまでの間に様々な産業を経由し，複雑な経路をたどるようになっている。図1-2のうち破線で囲んだ部分が食品産業である。食品産業に農水産業，消費者を加えた食料の供給に関わる主体とそれらを繋ぐ関係の全体をフードシステムと呼んでいる。

図中の矢印は，商品・サービスの流れであるが，これを川の流れに例えて，農水産業を川上，食品卸売業，食品製造業を川中，食品小売業・外食産業を川

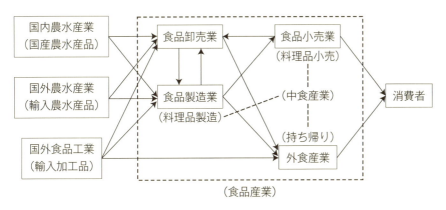

図1-2　現在のフードシステム

資料：筆者作成

下,そして最後の消費者をみずうみと呼ぶこともある。

このようなフードシステムの展開は,農水産業と消費者との間の距離が,地理的・時間的・段階的に大きく開いたことを意味する。地理的には国内で生産された農水産物のみならず世界の至る所から農水産物を輸入するようになった。時間的には,保存技術の進歩などにより農水産物の収穫から消費までの時間が長くなった。そして最も重要なことは,農水産物の生産から消費者に届くまでに様々な産業・主体を経由するようになったことである。

かつては食の問題を考えるには国内の農水産業のことだけを考えれば良かった。そのことがほぼ私たちの食生活を決めていたからである。ところが現在では,食品産業も含めて考えないと食の問題を考えたことにはならない。つまり,現在の食料をめぐる経済問題を考えるということは,フードシステムについて考えることに他ならないのである。

2 フードシステムのフロー

(1) フードシステムの今

図1-3は,現在のフードシステムを金額で表したものである。フードシステムでは多種多様な商品が生産され,流通しているため,全体像を見るときには金額で見ることが欠かせない。この図を詳細に見てみよう。

まず,わが国の消費者が2015年に支払った飲食費の総額は,右端の「飲食料の最終消費段階」のところに83.8兆円と示されている。このうち生鮮品等(側注6)参照)に14.1兆円,加工品に42.3兆円,外食に27.4兆円支払った。支出額が最も多いのは加工品で50.5％,次いで外食の32.6％となっており,生鮮品等への支出が最も少なく16.9％でしかない。このことは,消費者が購入する食料のうち,多くの部分が食品産業を経由したものであることを意味する。

一方,図の左端は「食用農水産物の生産段階」の金額であり,11.3兆円であった。そのうち国内生産が9.7兆円,輸入食用農水産物が1.6兆円である。食用農水産物の仕向先としては,食品製造業向けが最も多く59.5％を占めており,農水産業と食品製造業の関係の強さを示している。また,直接消費に向けられる最終消費向けが31.3％を占めている。これらのそれぞれの仕向額のうち輸入品の割合は食品製造業向けが16.5％と,他の仕向先に比べて高い[4]。

中央部にある食品製造業を見てみよう。食品製造業は,農水産業から8.0兆円(国産品5.6,輸入品1.1,流通経費1.3の合計)で農水産物を仕入れ,加工・製造し生産額は35.7兆円である。その差はエネルギーコストなど他産業への支払や

4) 輸入品は国産品に比べて価格が安いので,この金額で見た輸入品割合は数量の割合よりも小さくなっている。

2 フードシステムのフロー

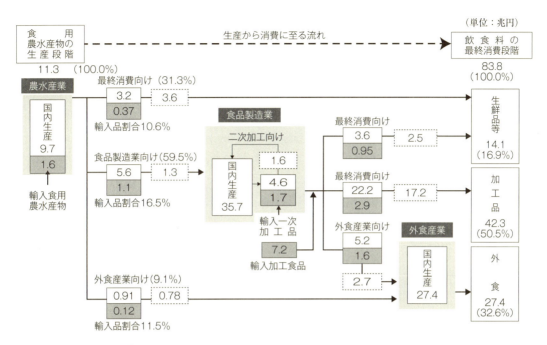

図1-3 フードシステムのフローチャート（2015年）
資料：農林水産省大臣官房統計部『平成27年（2015年）農林漁業及び関連産業を中心とした産業連関表（飲食費のフローを含む）』2020.

食品製造業の付加価値である。食品製造業では，最終製品になるまでいくつかの工場を経るのが一般的である。例えば，製粉業の製品である小麦粉がパン製造業に販売されて最終的にパンができあがる。この場合，小麦粉が一次加工品，パンが二次加工品である。このように食品製造業が他の食品製造業に販売した金額が4.6兆円であり，輸入した一次加工品1.7兆円，流通経費1.6兆円と合わせて7.9兆円が再び食品製造業に投入される。

そして，食品製造業の販売額31.1兆円（35.7兆円から食品製造業に再販売された4.6兆円を除く）と輸入最終製品5.5兆円（輸入加工食品7.2兆円から一次加工品1.7兆円を除く）を合わせた36.5兆円が最終消費や外食産業に向けられる[5, 6]。

外食産業は，食用農水産物を1.8兆円，食品製造業から加工品を9.5兆円仕入れ，調理し，店舗で提供する。その生産額が27.4兆円である。その差は他産業への支払や付加価値である。特に外食産業はサービス産業であるから，付加価値が多い。

最後に，食品流通業である。食品流通業は，フードシステムを構成する産業間のあらゆる取引に介在する。この図では，各所に見られる流通経費が食品流通業の生産額である。

5）丸め誤差のため合計に0.1程度の差が生じることがある。

6）食品製造業の製品の仕向先に「生鮮品等」があることを不思議に思う読者がいるだろう。この「等」の部分は食肉，精米，冷凍魚介類が食品製造業の製品であることによる。生きた動物→食肉，玄米→精米，生鮮魚→冷凍魚といった生鮮品に単純な変換を施したものにすぎないため，生鮮品として取り扱われることが多い。

（2） フードシステムの変化

これまでのフードシステムの変化を，図1-3中の主要な数値の過去35年の変化をまとめた表1-1で確認してみよう。35年の変化から読み取れるのは，フードシステムにおける原料農水産物生産額の低下と食品製造業，外食産業，食品流通業の生産額の増加である。

まず，飲食費支出は過去35年間に34.6兆円増加した。特に1980年から1995年までの15年間の増加が33.3兆円と大きく，1995年から2011年は6.3兆円の減少となっている。これらの数値はその時々の物価を反映した名目値なので，1980年代後半のバブル経済期の物価上昇と1990年代後半からのデフレ傾向が影響を与えていることに注意しなければならない。生鮮品等，加工品，外食の構成割合では，生鮮品等への支出割合が大きく低下したのに対し，加工品と外食への支出割合が大きく上昇した。このことは，消費者が消費する食料の多くの部分を食品産業に依存するようになったことを示している。

一方で，食用農水産物の生産段階の金額は国内生産が継続的に減少した。これには，生産調整による米の生産減少や価格低下の影響が大きかったと見られる。

表1-1 飲食費のフローの変化

（兆円，％）

	1980年	1995年	2011年	2015年	変化額		
					1980年→1995年	1995年→2011年	2011年→2015年
飲食料の最終消費段階	49.2(100.0)	82.5(100.0)	76.2(100.0)	83.8(100.0)	33.3	−6.3	7.6
生鮮品等	14.0(28.6)	16.5(20.0)	12.7(16.6)	14.1(16.9)	2.4	−3.8	1.5
加工品	21.4(43.6)	39.2(47.6)	38.4(50.4)	42.3(50.5)	17.8	−0.8	3.9
外食	13.7(27.9)	26.8(32.5)	25.1(33.0)	27.4(32.6)	13.1	−1.6	2.2
食用農水産物の生産段階	13.5	12.8	10.5	11.3	−0.7	−2.3	0.8
国内生産	12.3	11.7	9.2	9.7	−0.6	−2.5	0.5
輸入	1.2	1.1	1.3	1.6	−0.1	0.2	0.3
食料品製造業							
国内生産	24.1	35.9	32.8	35.7	11.8	−3.1	2.9
輸入加工食品	2.0	4.6	5.9	7.2	2.6	1.3	1.3
外食産業（国内生産）	13.7	26.8	25.1	27.4	13.1	−1.6	2.2
流通経費（最終消費向け）							
食用農水産物	3.0	3.0	2.9	3.6	0.0	−0.1	0.7
加工食品（生鮮品等）	1.8	3.3	2.4	2.5	1.5	−0.9	0.0
加工食品（加工品）	6.0	15.3	15.5	17.2	9.3	0.2	1.7

資料：農林水産省大臣官房統計部『平成27年（2015年）農林漁業及び関連産業を中心とした産業連関表（飲食費のフローを含む）』2020.

このような中で，食品製造業と外食産業の国内生産は増加した。特に1995年までの増加は著しかった。また，加工食品の輸入も継続的に増加した。1995年から2011年まではデフレ経済の影響もあり，国内生産額が減少した。

流通経費（＝食品流通業の国内生産額）は，特に加工食品（加工品最終消費向け）が1980年から1995年にかけて大きく増加し，6.0兆円から15.3兆円へと2倍以上となった。これには，この期間の中食商品の増加が関連していよう。

3 フードシステムと日本経済

（1） フードシステムの経済規模

わが国の食料供給を担ってきたフードシステムは，わが国の経済の中でどのような位置を占めているのであろうか。これを見るために，わが国の国内総生産（gross domestic product：GDP）に占める飲食費支出の割合を示したものが図1-4である[7]。GDPに占める飲食費支出の割合は，1980年には20.0％を占めていたが，1990年まで大きく低下した。その後約16％で安定的に推移しており，わが国経済において重要な産業であることに変わりはない。

7) GDPと飲食費支出はいずれも名目値であるから物価の動向が一部反映されている。

（2） フードシステムと雇用

フードシステムの位置づけを雇用の面から見てみよう（図1-5）。2015年に

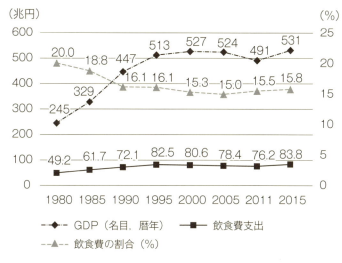

図1-4　国内総生産（GDP）と飲食費支出の推移

資料：農林水産省大臣官房統計部『平成27年（2015年）農林漁業及び関連産業を中心とした産業関連表（飲食量のフローを含む）』2020，内閣府『2017年度国民経済計算』2018.

第1章　日本のフードシステム

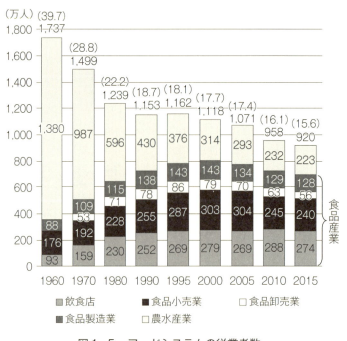

図1-5　フードシステムの従業者数
資料：総務省統計局『国勢調査』各年版．

　フードシステム全体の従業者数は920万人であった。これは，全産業の従業者数5,889万人の15.6％に当たる。フードシステムの従業者は1960年の1,737万人（全産業の39.7％）から大きく減少したが，この減少の大部分は農水産業の従業者の減少による。農水産業の従業者は1960年の1,380万人から2015年には223万人と，6分の1以下にまで減少した。

　代わって増加したのは食品産業である。食品産業従業者は1960年の357万人から2015年には698万人にほぼ倍増した。特に従業者が大きく増加したのは飲食店（93万人→274万人），食品小売業（176万人→240万人）であった。

　全期間を通じて見ると，食品産業の多くの業種で従業者数のピークは2000年であり，このときは飲食店の従業者は279万人と，1960年の3倍に達した。

4　飲食費の帰属額

　図1-3（p.5）中の矢印は商品あるいはサービスの流れである。したがって，その対価である貨幣（お金）は逆向きに流れる。つまり，貨幣は消費者の支払った飲食費が矢印を逆にたどりながら，フードシステムを構成するそれぞれの産業に落ちてゆく。農林水産省では，飲食費がどのような産業に帰属したかをフードシステムを構成する産業別に推計している。その産業別の帰属額が

飲食費支出に占める割合を示したのが図1-6である。ただし，この図の解釈には注意を要する点がある。例えば2015年の国内食品製造業の帰属割合は23.6％であるが，このことは飲食費の23.6％が国内食品製造業の手取り収入になったことを意味しない。この国内食品製造業の帰属額には，仕入れた農水産物は含まれていないが，他の産業に支払うべきエネルギーコストや農水産物以外の仕入れコストが含まれているからである。これらを除くには別途計算が必要になるが，それを行ったとしてもこの35年間の大まかな傾向は変わらない[8]。

さて，図1-6によると，この35年間に増加したのは食品関連流通業と外食産業である[9]。これは図1-5の従業者数の動向と同様である。逆に，国内農水産業の帰属割合は25.0％から11.5％へと大きく低下した。

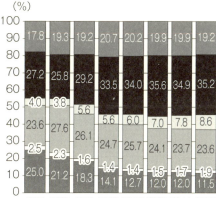

図1-6 飲食費の帰属割合
資料：農林水産省大臣官房統計部『平成27年（2015年）農林漁業及び関連産業を中心とした産業連関表（飲食費のフローを含む）』2020.

5 食の外部化とフードシステムの発展

以上のようなフードシステムの発展は，いわゆる食の外部化の進展と裏腹の関係にある。食の外部化とは，従来家庭内で行われていた食材の調理作業の一部または全部を食品産業にアウトソーシングすることであると言える。全部を食品産業に委ねる場合は，家庭では全く調理をしない外食あるいは中食であり，一部のアウトソーシングは，冷凍食品やレトルト食品の利用である。

米を例にすると，以前は精米を小売店から購入し，家庭で炊飯する形態が大部分であったが，冷凍食品やレトルトのパックを購入して加熱して食べたり，ご飯が含まれる弁当を購入したり，外食で食べたりする割合が増えてきた。米に対する全ての需要のうち，精米の購入によって消費された割合は，1990年の80.5％から2010年には63.1％に低下した一方，冷凍米飯，レトルト，弁当の購入を通じて消費された割合は5.6％から17.4％にまで高まったと推計されており，特に1990年代の変化が大きかった[10,11]。

食の外部化が進展した背景としては，女性の社会進出の増大，世帯規模の縮小，単身世帯の増加などがある[12]。これらによって食生活の簡便化指向が強まったが，これに食品産業が様々なイノベーション[13]を通じて積極的に応えてきた結果が，現在の高度に発達したわが国のフードシステムなのである。

8) 薬師寺哲郎・吉田行郷「産業連関表からみた食用農水産物・食料品の商業マージン率の動向」2012年度日本農業経済学会論文集，2012，pp.138-145.

9) 1990年代前半の食品関連流通業の帰属割合の増加は，中食の発展と関係がある。

10) 薬師寺哲郎・吉田行郷「食の外部化と食用農水産物の購入形態の変化」フードシステム研究，第19巻第3号，2012，pp.341～346.

11) 八木浩平・薬師寺哲郎「延長産業連関表を用いた食用農水産物の最終購入形態の推計」農林水産政策研究，第26号，2017，pp.31-52.

第1章　日本のフードシステム

12) 第3章（p.25～），第8章（p.71～）参照。

13) 第4章のコラム（p.40）参照。

● **演習課題**

課題1：食用農水産物の生産段階の金額約11.3兆円と飲食料の最終消費段階の金額約83.8兆円の差額には何が含まれると考えるべきであろうか。

課題2：飲食費の帰属割合の変化で，食品関連流通業の割合が大きく上昇したことをどのように考えるべきであろうか。

課題3：食の外部化の進展は，飲食費支出に対してどのような影響を及ぼすだろうか。

コラム　日本経済とフードシステム

　フードシステムが日本の経済社会の一部である以上，一般経済の動向の影響を受ける。ここでは景気，物価，雇用情勢の影響を考えてみよう。

　まず，景気の影響である。外食は好景気のときには大きく成長するが，景気が低迷すると成長が鈍化する。一方，中食商品も所得の動向の影響を受けやすいが，外食のようなサービスがない分，安価であるために，景気低迷はかえって需要増加の要因となりうる。

　次に物価の影響である。2000年から2011年にかけての飲食費支出の減少（図1-4，p.7）には，日本経済の物価低下，デフレ傾向が影響を与えていると考えられる。日本経済は1980年代後半のバブル経済を経て，1990年代前半にはバブルが崩壊して長期にわたる景気低迷の期間を迎えた。そして，1990年代末から2013年頃にかけて物価が低下し，デフレ経済（物価が下落し，経済が収縮していくこと）となった*。フードシステムの中で食品製造業や外食産業はこのようなデフレの影響を大きく受けたと考えられる。

　最後に，雇用情勢である。わが国の人口は2008年をピークに減少局面に入ったが，生産年齢人口（15歳以上65歳未満）はすでに1995年をピークに減少している。そのような中で，特にサービス業（運輸，卸売・小売，宿泊・飲食サービスなど）において労働力の不足が深刻化している。このような問題はフードシステムにおける食品小売業や外食産業においても例外ではない。

　フードシステムの中でもウェイトが高まっている食品流通業，外食産業，中食産業は，特にフードシステム以外の様々な状況の影響を受けやすいと考えられる。

　＊　物価が低下すること自体は消費者にとってメリットであるが，それが企業収益を悪化させ，賃金が削減されると需要が低下してさらに物価が低下するという悪循環（デフレスパイラル）に陥るため問題である。

2 食生活の現状

サマリー

「食料需給表」,「国民健康・栄養調査」,「家計調査」の3つの統計資料を用いることで,わが国の食生活の現状を知ることができる。日本人の食生活は主穀の米を中心とした伝統的なものから質的にも量的にも大きく変化してきた。これは,「食生活の高度化・洋風化」などと呼ばれる変化である。しかし,畜産物や油脂の摂取が多くなり,理想的であるとされてきた栄養バランスが崩れつつあるのが現状である。朝食の欠食など食習慣の乱れも指摘されている。その点で,食育は,消費者に賢明な食品の購買行動や望ましい食行動を取らせるよう促す取組みであり,消費者主権を保持し,正しく行使する観点からもきわめて重要である。

1 供給純食料,供給熱量の推移

(1) 食生活を見るための統計

現在の日本人の食生活を知るうえで最も基礎的な統計は,「食料需給表」「国民健康・栄養調査」「家計調査」の3つである[1]。各々の特徴は下記のとおりである。

① 「食料需給表」における消費量データは食料供給量の統計データである。これは,消費量を直接調査するのではなく,生産量,輸出入量,在庫増減量から国民に供給された量として計算される[2]「食べられたはずの量」という概念であり,供給された食料が実際に食されたかどうかまではわからない。つまり,食べ残して捨てられる量や家庭内でペットに餌として与えられる量なども含まれている。

② 一方で,実際に摂取した食料の内容を調査し,食料の種類や内容,栄養量を求める調査が「国民健康・栄養調査」である。

③ さらに,家計簿に記帳された内容から,食生活にアプローチする統計が

1) 以下の記述は,吉田泰治,田島 眞(編著)『食料経済』講談社サイエンティフィク,1999,pp.3-4を参考にしている。

2) 式で示すと,消費量(国内消費仕向量)=国内生産量+輸入量−輸出量−在庫増加量(または+在庫減少量)である。

第2章　食生活の現状

表2-1　食生活を見るための基本的な3つの統計比較

	食料需給表	国民健康・栄養調査	家計調査
作成機関	農林水産省	厚生労働省	総務省
概念	供給量	摂取量	家計購入量
対象品目	原料農畜水産物	最終製品	最終製品
栄養量	供給栄養量	摂取栄養量	—
価格などの情報	—	—	購入単価，金額
調査期間	年度平均	10～11月中の1日	月，年，年度
調査方法	品目別に推計	サンプル調査	サンプル調査
調査単位	—	個人	世帯
地域別	なし	なし	県庁所在地別など

資料：吉田泰治・田島　眞（編著）『食料経済』講談社サイエンティフィク，1999，p.3 を参考に作成．

「家計調査」である。食された量というよりも購入量や金額を調べたものである。家計全体の収入や食料消費支出などがわかるため，経済分析には最も適した統計である。

表2-1は，3つの統計の特徴を比較したものである。それぞれの特徴をよく理解したうえで目的に応じて利用する必要がある。これらの統計を元に，本章では食生活の現状を考察しよう。まず，食料需給表を用いて，食料供給の動向を検討しよう。

（2）食料供給の動向

図2-1は，「食料需給表」から主要品目の国民1人1年当たり供給純食料[3]の推移を示したものである。戦後の高度経済成長期を経て，日本人の食生活が大きく変貌したことは明らかである。牛乳・乳製品，肉類，鶏卵など畜産物消費の増加が顕著であり，油脂類も大きく増加している。なかでも，肉類は5.2kg／人・年（1960年）から31.6kg／人・年（2016年）へと6.1倍に増加している。一方で，わが国の主穀である米の消費は大きく減退している〔114.9kg／人・年（1960年）から54.4kg／人・年（2016年）〕[4]。半世紀前に比べて，現在の日本人は半分以下の米しか食べていない。果実の供給量も，近年減少傾向にあるものの，長期的に見れば，大きく伸びた〔22.4kg／人・年（1960年）から34.4kg／人・年（2016年）〕。また，近年，魚介類の消費は，肉類のそれと代替するように減少傾向にある。

図2-2は，国民1人1日当たり供給熱量の推移を示したものである。全品目を合わせた合計は1960年代から1970年代前半にかけて大きく増加し，1980年

[3] 純食料とは，食料の原料形態（粗食料）から通常は食べない部分を除いた可食部分を言う。米で言えば，玄米は粗食料であり，糠を取った白米が純食料である。

[4] 米の消費のピークは1962年の118.3kgであった。

1　供給純食料，供給熱量の推移

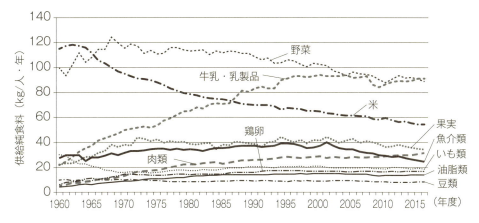

図2-1　主要品目の国民1人当たり供給純食料の推移

資料：農林水産省『食料需給表』．

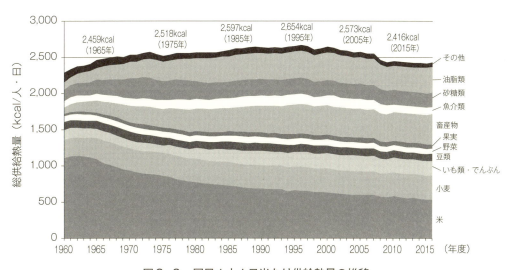

図2-2　国民1人1日当たり供給熱量の推移

資料：農林水産省『食料需給表』．

頃からは約2,600kcalで安定していたが，その後減少し，近年は2,400kcal程度で推移している。品目別に見ると，食料の摂取構成が大きく変化していることが明瞭である。最も顕著なのが，米のウエイトの低下である。1960年に米から摂取していた供給熱量は1,106kcalであり，総供給熱量（2,291kcal）の48.3％を占めていた。この割合が1970年代には30％台，1980年代には20％台に低下し，2016年には22.0％となっている。これと対照的な品目が畜産物や油脂類である。各々，1960年には総供給熱量の3.9％，4.6％だった割合が，2016年には17.0％，14.7％と飛躍的に増加している。果実，魚介類，砂糖などは高度経済

成長期に増加していたものの、近年はほぼ横ばいで推移している。

両図から、日本人の食生活は主穀の米を中心とした伝統的なものから質的にも量的にも大きく変化してきたことがわかる。とりわけ、1960年代の高度経済成長期以降、肉類や牛乳・乳製品など畜産物や油脂類の摂取量が急激に伸びた。一方で、米の摂取量が大きく減少し、麺類・パン食など小麦を利用した粉食がウエイトを高めてきた[5]。このような変化は、「食生活の高度化・洋風化」などと呼ばれることがある。もっとも、洋風化と言っても、欧米型の食生活への一方的な傾斜を意味するのではなく、米を中心とした伝統的な食のウエイトが低下し、いわば和洋折衷の献立の増加に見られるような多様な食生活を求める方向に変化してきたのである。

5) 小麦の1人当たり消費量が増加したのは1960年代であり、その後は安定している。

2 国際比較

（1） 経済成長に伴う穀物消費と畜産物消費

ところで、これまで見てきた食生活変化の最大の要因は経済成長であり、所得水準の上昇である。ただし、所得の増加により多くの食料を購買できるからといって、これまで食べてきた穀物の何倍も食べるわけにはいかない。生きるために欠くことのできない食料には必需性と同時に飽和性（消化能力の限界）という特徴があるからである。穀物消費は一定量にまで達すると増加は止まり、減少に転じる。これに代わり、穀物を原料として生産される畜産物の消費が増加する。

畜産物の生産には、飼料として大量の穀物が必要である。畜産物1kgを生産するのに、鶏肉で4kg、豚肉で7kg、牛肉では11kgの穀物が必要であるとされる[6]。そのため、畜産物の価格は穀物に比べ高くなり、消費には、より多くの所得が必要であり、経済力の小さな国では畜産物消費は大きくならない。

6) とうもろこし換算による農林水産省の試算である。農林水産省ホームページを参照。

図2-3は、国民1人1年当たり供給食料の国際比較を示したものである。経済成長に伴い、わが国の畜産物消費量は大きく増加したが、欧米諸国と比較すると、依然、きわめて低水準であることがわかる。穀物の消費量はやや少ない。一方、野菜類や魚介類の消費量は多くなっている。こうして見ると、所得が増加し、食生活が洋風化したと言っても、欧米諸国と比較すれば、その差は歴然としている。

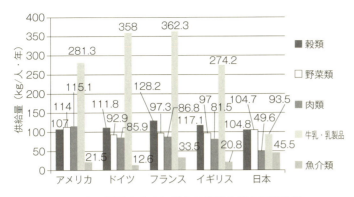

図2-3 国民1人1年当たり供給食料の国際比較
注 ：供給粗食料ベースの数値である。日本2017年，諸外国2013年。
資料：農林水産省『食料需給表』OECD, *Food Consumption Statistics.*

（2） PFC 熱量比率の国際比較

食生活における栄養バランスを見る指標にPFC熱量比率がある。これは，三大栄養素であるたんぱく質（Protein：P），脂質（Fat：F），糖質（炭水化物：Carbohydrates：C）の各々から摂取される熱量の比率である。図2-4は，PFC熱量比率の国際比較を示したものである。欧米諸国では，畜産物や油脂類などの供給量の大きさを反映して脂質（F）の比率が高く，糖質（炭水化物：C）の比率は低い。このことは，日本に比べて，たんぱく質（P）の比率がほとんど同じで，F・Cの比率に大きな相違がある点に明瞭に現れている。

望ましいPFC熱量比率は，P（13%）：F（25%）：C（62%）とされる。1980年に，P（13.0%）：F（25.5%）：C（61.5%）であった比率が，2017年には，P（12.9%）：F（30.1%）：C（57.0%）となっている。近年，日本ではFの比率が徐々に高まってきており，米の消費減退を反映してCの比率は低下してきている。栄養バランスに優れ，理想的であるとされてきた日本の食生活であるが，欧米諸国ほどではなくても，バランスが崩れつつあるのが現状であると言える。

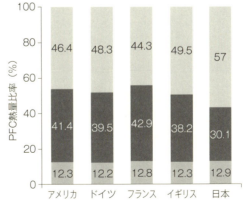

図2-4 PFC熱量比率の国際比較
注 ：酒類等は含まない。日本2017年，諸外国2013年。
資料：農林水産省『食料需給表』OECD, *Food Consumption Statistics.*

3 栄養摂取の動向

わが国のPFC熱量比率は栄養バランスに優れ，理想的であるとされてきた。とりわけ，1980年当時の日本の食生活では，PFC比率が適正水準にきわめて近く，「日本型食生活」と呼ばれ，この水準を維持することが好ましいとされた。

しかしながら，近年の畜産物や油脂類の摂取の多い食生活では，熱量の過多だけでなく，脂質（F）の比率が高くなり，生活習慣病の一因となる点が指摘されている。わが国では，生活習慣病などによる医療費の増加がきわめて大きな問題になっている。さらに，第3章で詳しく見る食の外部化も，脂質の摂取割合を高める要因となる点が指摘されている[7]。

「国民健康・栄養調査」で見る栄養摂取量は，「食料需給表」による供給栄養量とは大きく異なる。「国民健康・栄養調査」は実際に摂取した食料の内容を調査したものであり，これによる摂取熱量は1,865kcal／人・日であり（2016年），図2-2で見た供給熱量よりも500kcal以上低い。ただし，調査方法の違いなどもあり，これら2つの統計数値の開きの原因を単純に「食べ残し」による熱量の差とする議論は誤りである[8]。近年，摂取熱量は減少傾向が続いており，食生活は縮小している。

この摂取熱量からも，食生活の問題点を指摘することができる。図2-5は，年齢階級別に見た摂取熱量における脂肪の比率を示したものである。

前節で見たように，脂肪（F）の比率は，「食生活の高度化・洋風化」とともに上昇し，「国民健康・栄養調査」の摂取ベースでは，2016年は全体で27.4％と適正比率の25％を上回っている。年齢階層別に見ると，20代で29.5％，30代で28.6％，40代で28.3％と，40代以下で28％を超えている。このように，栄養摂取の統計である「国民健康・栄養調査」で見ると，青壮年を中心に，脂肪を多く摂取し，欧米の比率に近づきつつある現代日本の食生活があらためて明瞭になる。

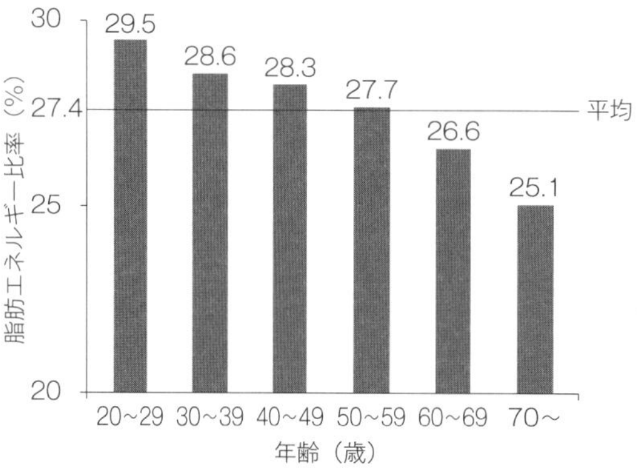

[7] 外食や調理食品を利用する頻度が高いほど，穀類と肉類の摂取量が多くなり，野菜や果実は少ない傾向にあることが報告されている。
農林水産省『平成30年版 食料・農業・農村白書』2018，pp.78-79を参照。

[8] 吉田泰治・田島眞（編）『食料経済』講談社サイエンティフィク，1999，pp.110-112を参照。

図2-5 年齢階層別に見た摂取熱量における脂肪エネルギー比率（2016年）

年齢（歳）	脂肪エネルギー比率（％）
20～29	29.5
30～39	28.6
40～49	28.3
50～59	27.7
60～69	26.6
70～	25.1
平均	27.4

資料：厚生労働省『平成28年 国民健康・栄養調査』2017.

表2-2　朝食欠食率（2016年）

（単位：％）

	総数	20～29歳	30～39歳	40～49歳	50～59歳	60～69歳	70歳以上
男性	15.4	37.4	26.5	25.6	18.0	6.7	3.3
女性	10.7	23.1	19.5	14.9	11.8	6.3	4.1

資料：厚生労働省『平成28年 国民健康・栄養調査』2017.

　また近年，わが国では，これまで見てきた栄養バランス（PFC熱量比率）の低下だけでなく，食習慣の乱れも指摘されている。表2-2は朝食欠食率を表したものである。とりわけ，働き盛りの20代から40代の男性では，4人に1人以上が欠食していることになる。

4　家計食料消費支出の動向

(1)　食料消費支出の動向

　最後に，「家計調査」を用いて，家計の食料消費支出の動向を検討しよう。第3章で詳しく見るエンゲル係数（家計消費支出に占める食料費の割合）は，生活水準を示すひとつの指標として用いられるが，これも「家計調査」から算出される。戦後の復興とともにエンゲル係数は低下し，2017年現在，26％である。図2-6は，わが国の世帯員1人当たり実質食料消費支出の推移を示したものである。実質食料消費支出は，高度経済成長期から1980年代にかけ急速に

図2-6　世帯員1人当たり実質食料消費支出の推移
注：全国2人以上世帯を対象。農家世帯を含まない。実質額を計算するときの基準年を2015年としている。
資料：総務省『家計調査』.

第2章　食生活の現状

増加した。すでに図2-2で見たように，わが国では，この時期は十分な食料エネルギーが供給されていたことから，支出金額の増加は食生活の高級化[9]を表したものと言える。しかし，1990年の25,640円をピークにバブル崩壊以降は低下傾向にある。近年の長引く不況下，家計は節約志向であり，食生活の高級化は停滞ないし減退している。このような中，食料支出金額は最近，わずかながら回復基調にある。今後は，高齢化の進行などが減少要因として働く一方，後述する食の外部化は，調理食品などの加工度やカロリー単価の高い食品の消費を促し，食料消費支出を増加させる要因となる。

（2）食の外部化の進展

図2-7は，食料費に占める外食・調理食品などの比率の推移を示したものである。嗜好品である酒類の比率は，ほぼ5％と安定している。飲料，調理食品，外食の比率は増加しており，とりわけ，調理食品の増加が顕著である。これに対して，1990年頃まで急激に増加してきた外食は，1990年代初頭のバブル崩壊以降，増加幅が小さくなり，16～17％で安定してきている。

近年の食生活の変化を特徴づけるもののひとつに食の外部化がある。食の外部化は，かつては家庭内で行っていた調理作業を食品産業が行うようになったことを言う。食の外部化率とは，食生活に占める外食と中食の割合を表したものであり，「家計調査」を用いる際，食料消費支出に占める外食費と調理食品への支出の割合の合計で把握できる[10]。これによると，食の外部化率[11]は10％（1965年）から30％（2017年）へと大幅に増加している。食生活が外部化・サービス化を志向していることは明らかである。このような食の外部化の進展は，所得の動向もさることながら，第3章（p.25）で詳しく見るように社会的要因（女性の社会進出や世帯規模の縮小など）を強く反映したものと見られる。

9）穀物から畜産物への移行のように，カロリー単価の高い食品群への移行や，ブランド品への移行のように，同じ食品群の中でも単価の高いものへの移行を意味する。

10）他の食の外部化率の把握の方法は第7章（p.62）参照。

11）ただし，ここでの外部化率の対象には外食・中食の依存度が高いとされる単身世帯が含まれていないことに注意する必要がある。

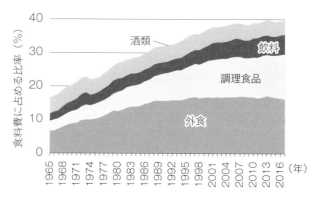

図2-7　食料費に占める外食・調理食品などの比率の推移
注：全国2人以上世帯を対象。2007年以前は，農家世帯を含まない。
資料：総務省『家計調査』．

5 消費者主権と食育

　第1章で学んだフードシステムの目標は，究極的には消費者を満足させることである。経済学には，消費者主権という用語がある。生産者や食品企業のすべての事業や活動が消費者の満足を求めて行われるという原則であり，「消費者は王様である」とする考え方である。

　消費者の選好は，確かに生産者や食品企業に強い影響力を持っている[12]。消費者が「茶色い卵」より「白い卵」を好むのであれば，鶏卵業界が栄養学的に同等であると主張しても，「白い卵」は売れ，「茶色い卵」は割引されるだろう。

　ただ，消費者はいつも正当に消費者主権を行使していると言えるだろうか。消費者は，食品の選択や考え方において，ときとして非合理で気まぐれである。また，食品企業の側も，このような消費者の気まぐれにいつも受動的に従うわけではない。広告や表示，販売促進などの企業努力は，消費者の購買行動に影響を及ぼすことがある。まぎらわしい広告や表示は消費者主権を侵害する。

　消費者主権は，必ずしも消費者が自分の利益あるいは公共の利益になるよう行動することを保証しない。気まぐれな消費者が望むような食品の売買だけが行われると，栄養バランスの低下，ひいては生活習慣病などをもたらす場合がある。生活習慣病の増加は，前述のように，医療費の増加につながる問題である。このような文脈から，食育（消費者に賢明な食品の購買行動や望ましい食行動を取らせるよう促す取組み）の重要性をあらためて指摘することができる。食育とは，とかく損なわれがちな消費者主権を保持し，正当に行使するための食習慣形成のプロセスであると捉えることができる。

　すでに述べたように，栄養バランスの低下，食習慣の乱れなど消費者の食生活に関わる様々な問題が指摘されている。こうした問題に対処するため，2005年には「食育基本法」が制定されている。その後，2016年度から2022年度までを期間とする「第3次食育推進基本計画」では，次の5つの重点課題[13]を柱とした取組みと施策が推進されている。① 若い世代を中心とした食育の推進，② 多様な暮らしに対応した食育の推進，③ 健康寿命の延伸につながる食育の推進，④ 食の循環や環境を意識した食育の推進，⑤ 食文化の伝承に向けた食育の推進，である。

12) 以下の記述は，Kohls R.L. and Uhl J.N., *Marketing of Agricultural Products 9th ed.*, Prentice-Hall, 2002, pp.37-38を参考にしている。

13) 第3次食育推進基本計画」啓発リーフレットは，以下のサイトから入手することができる。http://www.maff.go.jp/j/syokuiku/dai3_kihon_keikaku.html

◆演習課題
課題1：祖父母や両親など世代の異なる人に，20歳の頃の食生活がどのようなものだったか聞き，現在の自分の食生活と比較してみよう。
課題2：自らの食生活のPFC熱量比率について考えてみよう。
課題3：普段の食生活や食品の購買行動を振り返り，消費者主権を保持しているか，また正しく行使するためには何が必要か考えてみよう。

コラム　国際的な視点から見た和食

　2013年12月，日本の「和食」がユネスコ世界無形文化遺産に登録された。わが国において，和食には「健康的，栄養バランスが良い」とのプラスイメージがある一方，「手間がかかる，面倒」などのイメージから，本章で触れた食育の推進の面からも，その料理法や作法など，和食文化の次世代への継承が重要な課題となっている。他方で，海外における日本食レストラン数は，5.5万店（2013年）から11.8万店（2017年）へと2倍に増加，わが国の農林水産物・食品の輸出額は，5,505億円（2013年）から8,071億円（2017年）へと1.5倍，さらに訪日外国人旅行者数は，1,036万人（2013年）から2,869万人（2017年）へと3倍に増加している*。国際的に見ても，日本食（和食）に対する関心はいっそう高まってきている。

　このような世界的な日本食ブームのもとでの日本食レストランの急増はアジア，とりわけ中国において顕著である。上海JR九州フードサービスが運営する「赤坂うまや上海静安本店」（中国・上海市）は，2012年3月に開業している（写真）。同店では，「炭火・創菜料理」と「九州料理」をはじめ東京・赤坂うまやの選りすぐりのメニューや上海オリジナルメニューなどを提供しており，日本人駐在員や現地中国人富裕層，さらに欧米人・韓国人駐在員を主なターゲットにしている。味付けは日本人向けをベースとしながら若干のアレンジを加えている。例えば，海鮮料理に利用する鮮魚は長崎県から直接輸入しているが，添付するワサビは日本人，中国人向けの両方を提供している。また，日本酒や九州産焼酎など日本人や欧米人向けにアルコールなども充実させている。今後の課題のひとつは和食文化に通じた従業員の教育の推進であり，同店の責任者は，現地の調理学校とも連携した日本食料理人の育成を展望している。

中国・上海市内で運営される「赤坂うまや上海静安本店」（中川　隆撮影）

*　農林水産省『「和食」のユネスコ世界無形文化遺産登録5周年に係る特設ページ』．

3 食生活の変化の要因

サマリー

食料は人間にとって不可欠なものであるため，人類の歴史において，食料の調達は主要な課題であり続けてきた。社会や経済の発展とともに食料の調達は比較的容易になってきたが，その反面，何をどのように食するかということは，現代人の重要な課題となっている。本章では，第2章で学んだ食生活の現状をふまえ，その変化に影響を与える要因について学び，私たち自身の日々の食生活について考えてみよう。

1 エンゲル係数

あなたは1カ月にどれくらいのお金を支出し，そのうちどれくらいを飲食費にあてているだろうか。飲食費は，今よりも節約することが可能だろうか。

食料は人間の生存にとって不可欠なので，生活が苦しくても，最低限の食料支出はしなければならない。必要以上に切り詰めることは困難である。そのため，貧しい世帯ほど飲食費の負担が大きくなる。

ドイツの経済学者エルンスト・エンゲル（1821〜1896年）は，飲食費の家計消費支出に占める割合（エンゲル係数[1]）に着目し，所得が高くなるほど，食料費の割合が低くなること（エンゲルの法則）を見いだした。図3-1は，日本のエンゲル係数の推移を示しているが，戦後長期的にエンゲル係数は低下傾向にあり，日本人の生活が豊かになってきたことを支出の面から説明しているとも言えよう。エンゲル係数が高いということは，収入の多くが飲食費に消えてしまうということであり，エンゲル係数が低くなったということは，飲食費以外のことにより多くの支出ができるようになったということだからである。衣食住への支出に加えて，旅行や趣味，インターネットなどに支出ができる暮らしは，物質的には豊かなものと言える。

しかし，食料が溢れている現代においては，食に対する支出は嗜好的な要素も含むようになっており，エンゲル係数の有効性を疑問視する指摘もある。食

[1] エンゲル係数は数式で書くと次のようになる。
エンゲル係数（％）
＝食料費÷家計消費支出×100

第3章　食生活の変化の要因

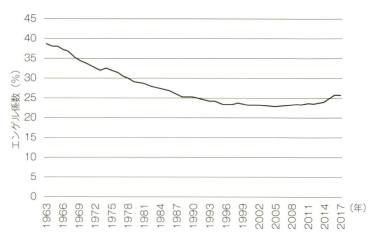

図3-1　日本のエンゲル係数の推移（全国，2人以上の世帯）

資料：総務省『家計調査』．

費への支出の大小は，所得水準だけでなく嗜好やライフスタイルによる部分も無視できなくなっているからである。

ところで，エンゲル係数は2010年代の初め頃から上昇に転じている。長らく続いた景気の低迷による所得の停滞やその他の要因が指摘されているが，今後の推移に注目が必要である。

2　需要量の価格弾力性と所得弾力性

（1）価格弾力性

みなさんがモノを購入する場合は何に影響を受けるのだろうか。「安かったから，たくさん買ってしまった」「臨時収入があったので，思い切って買った」というように，価格や所得に影響を受けているのではないだろうか。

まずは価格の影響について見てみよう。何かを買うとき，価格が安くなれば多く購入し，逆に価格が高くなれば少なく購入するのではないだろうか。そのような私たちの購買行動は，図3-2のように右下がりの曲線で表すことができ，それを需要曲線と呼ぶ。

図3-3には，傾きの異なる2つの需要曲線D_1とD_2が描かれている。D_1のほうが傾斜が急である。それは，価格が変化しても需要量があまり変化しないことを示している。米や牛乳などの必需品を想像してほしい。米の価格が上がったときに，米を買う量をどの程度減らすであろうか。主食である米などの食品は，減らしにくいのではないだろうか。それらの食品は必需品的であり，

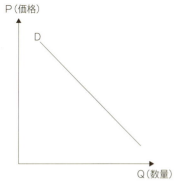

図3-2 私たちの購買行動（需要曲線）

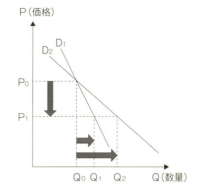

図3-3 価格の変化と需要量の変化

価格変化への反応は非弾力的であると言える。

　他方，D_2のように傾斜が緩やかであることは，価格の変化に対し，需要量の変化が大きいことを示している。一般的な工業製品や，食品でもコーヒーやアイスクリームなど，嗜好品的性格を持つものは，価格が高くなれば購入量を減らすことが可能であり，需要量の変化は弾力的であると言える。

　価格の変化と購入量の変化の関係は，次のような価格弾性値として表すことができる。

需要量の価格弾性値＝需要量の変化率（％）／価格の変化率（％）

　例えば，リンゴの価格が10％上昇して100円から110円になったとき，リンゴの購入量が20個から1個減って19個となり，5％下がるとすると，－5％／10％となり，需要量の価格弾性値は－0.5となる。価格弾性値の絶対値が1より小さければ必需品的であり，1より大きければ嗜好品的であると考えられる[2]。

　通常の傾きのように変化「量」の比率ではなく，変化「率」の比率であることに戸惑うかもしれない。しかし，変化率の比率を取ることによって，数量や価格を測る単位の影響を受けないというメリットがある。

　価格弾性値が1より大きい品目は，販売価格を下げると需要量（販売量）の増加が大きいため，売上金額が増える。逆に1より小さい品目は，販売価格低下の影響が大きいため，売上金額が減少する[3]。

[2] 価格弾性値は通常マイナスであるが，絶対値で表されることが多い。

[3] ただし，これは競争相手がいない場合である。

（2） 所得弾力性

　次に所得の変化と購入量の関係を見てみよう。アルバイト収入が多かったとき，または少なかったときに，食生活は変化しないだろうか。臨時ボーナスが入ったから，ということで焼き肉を食べたり，逆に収入が少なかった月には肉をあまり食べなかったりすることもあるかもしれない。

所得の変化に対する購入量の変化も，需要量の所得弾性値として表すことができる。

需要量の所得弾性値＝需要量の変化率（％）／所得の変化率（％）

例えば，収入が10％上がったとき，牛肉を15％多く食べるようになれば（購入するようになれば），15％／10％＝1.5となり，需要量の所得弾性値は1.5となる。所得弾性値が1より小さければ必需品的であり，1より大きければ嗜好品的であると考えられている。

食品全体として見ると，食品は必需品であり，所得弾性値は小さい傾向にある。それには，経済が成長し私たちの所得が上がったとしても，私たちの食料摂取には生理的な限界があるため，所得の伸びほど食料消費は増えないことも影響している。

所得の上昇とともに，需要量の所得弾性値は低下傾向にあると言われている。一方，価格の影響についても価格変化が需要量の変化に及ぼす影響は小さくなっている。すなわち，現代の食生活は，所得や価格といった経済的要因よりも，以下に述べるような社会的要因が大きく影響するようになっている[4]。

4）時子山ひろみ・荏開津典生・中嶋康博『フードシステムの経済学第5版』医歯薬出版，2015，pp.54-58，および pp.78-85.

❸ 食料費支出の変化の要因

（1） 食料の獲得

かつて人類は，食料の獲得を主に狩猟・採取によっていた。その後，農耕と牧畜という食料を生産する社会へと変化してきたが，その農耕の歴史は1万年程度である[5]。知識や技術の蓄積とともに，食料の供給は増加したものの，食料の確保は人類にとって常に最大の課題のひとつであった。産業革命以降，工業の発展とともに農業の工業化・産業化が進み，農産物の生産量も飛躍的に増加した。食料の増産に伴い，食料の価格も大幅に低下してきた。先に学んだエンゲル係数の変化を見ても，かつては収入の多くが食費に費やされていたが，現代は食費以外のものに，より多くが支出されていることがわかる。

5）石毛直道，鄭大聲編著『食文化入門』講談社サイエンティフィク，2007，pp.3-4.

食料が十分にある状況とそうでない状況では，人々の食料の選択も購買行動も異なるであろう。第2章（p.12）で見たように，私たちの食事は米中心のものから，肉や乳製品をより多く選択するように変化してきている。日本社会全体として見れば，食料を調達するための負担（費用）も大幅に軽減されてきたと言えよう。このような食をめぐる変化の背後では，様々な社会変化が同時進行し，相互に影響を与えている。次に食品選択に影響を与えているいくつかの

要因について見ていこう。

（2） 女性の社会進出

過去数十年の間に，日本においても女性の社会進出が進んだ。図3-4は女性の就業割合を示したものである。女性のライフステージにおいて，学校を卒業後，就業するものの，結婚や出産を機に離職したり，子育てが一段落した後に（再）就業することを選択することがあり，そのためM字カーブとして知られている。しかし，図からもわかるように，近年Mのくぼみが浅くなっており，女性が生涯にわたって就業する傾向が高まっている。

女性の就業が進むと，そうでない場合に比べて，食料の調達や調理にかけられる時間に制約が出てくるだろう。他方で，男性の家事参加は諸外国と比べて低い水準にあり（図3-5），女性に負担が偏っていることが懸念される。

今後も女性の社会進出は進むと考えられ，家族それぞれが忙しい生活を送る中で，中食や外食のニーズが高まっている。食の外部化率を示した図2-7（p.18参照）からもわかるように，外食だけでなく，弁当や調理済み総菜を買って食べる中食への依存度が高まっている。

忙しくても家庭で調理をしたいというニーズもあり，時間短縮（時短）を訴求したレシピや調理器具などが人気を集めている。また，食材の下ごしらえをして宅配するサービスなども生まれており，忙しい家庭生活を支援するビジネスが登場している。今後も家庭のライフスタイルが変化していく中で，おいしさや健康を意識しつつも，より便利で効率的な食へのニーズは高まることが予想され，それに応じた食材やサービスが提供されることが期待される。

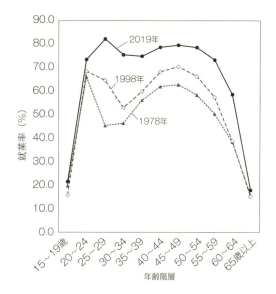

図3-4　女性の就業率の推移
資料：総務省『労働力調査』長期時系列データを元に作成．

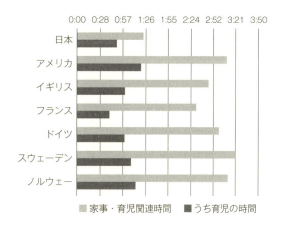

図3-5　男性の家事・育児参画時間の国際比較
資料：内閣府男女共同参画局の資料を元に作成（原出典は，総務省『平成28年度社会生活基本調査』2017, Bureau of Labor Statistics of U.S., *American Time Use Survey* 2016. Eurostat, *How Europeans Spend Their Time Everyday Life of Women and Men*, 2004.）

第3章 食生活の変化の要因

（3） 高齢化の進展

先進国，とりわけ日本では高齢化（高齢化率27.7%，総人口に占める65歳人口の割合，2017年）が進んでいる。今や日本人の平均寿命は世界でもトップクラスであるが，それは米や野菜を中心とした伝統的な日本型食生活が要因のひとつであると考えられている。

高齢化の進展に伴い，高齢の単身生活者が増加している。単身での食事の準備は面倒であったり，食材を使いきれないなど非効率であったりする。少量の食材を調達しようとすると，価格的には割高となることが多い。また，身体の状況や交通手段が十分に確保できないなどの理由のため，買い物に出ることが困難な「買い物弱者」となることもある[6]。そのようなことから，栄養が偏ったり，低栄養状態に陥ったりすることも懸念される。

6）第6章コラム（p.60）を参照。

（4） コ食の増加

現代の家族は忙しい。夫婦ともに仕事を持つ家庭も多く，また子どもたちもそれぞれの活動に忙しい。ひとつ屋根の下に生活していても，食卓をともにすることができず，食事を一人で食べる「孤食」の場面が広がっている。

また，現代の家族では，三世代同居の大家族は減少し，夫婦のみの世帯や単身世帯が大きく増加している。このような単身・少人数世帯ではなおさら「孤食」の場面は多い。図3-6は平日の夕食を「一人で食べる」と回答した人の割合であるが，20代はその割合が高くなっている。

嗜好の多様化や，個を尊重する価値観も広がり，家族がともに食事をするものの，別々のものを食べたり，時間をずらして食事を摂ったりする「個食」も広がっている。とりわけ慌ただしい朝食などによく見られる光景ではないだろうか。他にも，同じものばかりを食べる「固食」，過度なダイエットを示す「小食」などがある。

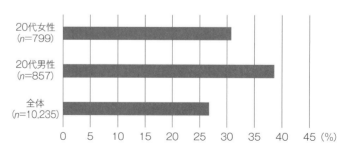

図3-6　平日に夕食を「一人で食べる」と回答した人の割合
資料：農林水産省『「和食」の保護・継承推進検討会資料』2015.

これらの「コ食」は当て字であるが，私たちの食生活や食文化の課題をうまく言い当てているのではないだろうか。

（5） 私たちの食文化と食生活

日本における食文化研究をけん引してきた石毛直道は，人間の食の文化的特徴は料理することと「共食（きょうしょく）」することであると言う。動物は個体単位で食事をするが，人間の食事は一人だけで食べるものではなく他の人々と一緒に食べるのが原則となっている[7]。また，日本の和食文化は，ユネスコの世界無形文化遺産に登録された誇るべきものであるが，登録されるに至った要因のひとつは，第2章（p.16）でも触れられたように，日本人の健康長寿を支えてきた栄養バランスの良い伝統的な日本型の食生活であった。しかしながら，今日の日本人の食生活は，食事の摂り方も，内容も，伝統的な「和食」とは異なったものになっているのではないだろうか。

日本人の食の選択肢は広がり，食卓は豊かになってきた。中食や外食が発達し，様々な便利なサービスも提供されている。何を選択し，どのように食べるかは，私たちに委ねられている。それぞれの家庭にライフスタイルがあり，家族のあり様もそれぞれである。同じ家族であっても，曜日によって食のあり様は異なるかもしれない。それぞれに時間的・経済的な制約があり，一概にどのような食が「良い」とは言えない。しかし，今日も私たちは食の選択を積み重ねており，その結果は将来の健康状態として現れる。時々，自分の食生活と健康について点検してみることは重要であろう。

[7] 石毛直道・鄭大聲編著『食文化入門』講談社サイエンティフィク，2007，p.3．

◆演習課題

課題1：あなたのエンゲル係数を計算してみよう。
課題2：2010年代以降，エンゲル係数が上昇している要因を検討してみよう。
課題3：食に関する家庭の中での役割分担について話し合ってみよう。
課題4：様々な「コ食」について話し合ってみよう。また「共食」の意義についても話し合ってみよう。

第3章　食生活の変化の要因

コラム　ファーマーズ・マーケット

「地産地消」という言葉を聞いたことはあるだろうか。地産地消は、地域でできたものを、できるだけその地域で消費しようという取組みで、そのひとつが農産物直売所である。農家が農産物を直接消費者に販売する形態で、新鮮さや顔の見える関係が消費者の支持を得ている。

アメリカでも1970年代以降、農産物の安全性や環境問題に問題意識を抱く消費者と農家が結びつきながら、ファーマーズ・マーケットが設置され、2017年には約8,700カ所が確認されている。

アメリカのファーマーズ・マーケットは、道路や公園を一時的に占有する「青空市」的な開催形態が多い。色とりどりの新鮮な農産物を前に、農家は自分の農産物のこだわりを説明したり、消費者は珍しい野菜の調理法を尋ねたりしながら、農家と消費者がコミュニケーションをしながら農産物の売買を楽しんでいる。安全・安心な農産物を直接取引できる場として機能しており、また現在ではコミュニティに欠かせない存在となっているマーケットも多い。

まさに消費者のニーズに応える形で発展してきたファーマーズ・マーケットであるが、数人のマネージャーに課題を聞くと、「消費者が家庭で料理をしなくなっていること」であるという。料理をしなければ、野菜を買う必要がなく、せっかく揃えたこだわりの農産物も売れていかない。私たちの食生活やライフスタイルの変化は、農家の経営や農産物流通にも影響を与えている。

カリフォルニア州のデイビス・ファーマーズ・マーケット
　1970年代後半に設立された同州における最初の認定ファーマーズ・マーケットのひとつで、色とりどりの農産物が並ぶ。

4 食品製造業

サマリー

食品製造業には，原料や加工方法の多様性から数多くの業種が含まれる。その中で，現在どのような業種の生産が伸びているのか，またどのような業種の輸入が増えているのかを見てみよう。そのうえで食品製造業の各業種のモノ作りの面での構造的特徴，企業の重要な経営戦略のひとつである研究開発や広告宣伝への支出の状況を見る。最後に人口減少により国内市場の縮小が見込まれる中で活発になっている食品製造業の海外進出の状況を概観する。

1 食品製造業とは

食品製造業は，食料品の原料となる農産物，畜産物及び水産物を加工し，あるいは複数の素材や加工品を調理したり組み合わせたりして素材や食品の価値を高める産業であると言える。

原料農水産物の加工方法としては，① その素材形態での保存を主体とした加工方法，及び② 素材形態を変えたり他の素材と調合加工する方法，がある[1]。

保存を主体とした加工方法には，乾燥，干物，漬物などのようなわが国の伝統的な加工と，近代産業としてのびん・缶詰，第2次世界大戦以降に急速に発達した冷蔵・冷凍食品などがある。

一方，素材形態を変える加工方法には次のような方法がある。
① 素材から不要な部分を取り除く：精米，精麦，製粉など。
② 素材からの成分分離：製油，精糖，でんぷん製造，たんぱく質製造など。
③ 微生物の利用による変質加工：みそ，しょうゆ，食酢，酒など発酵を用いた醸造業。
④ 成形・加熱による調理加工：茶・コーヒーなど。

これらの特定の素材をベースにした加工に加え，近年急速に生産が拡大して

[1] 吉田泰治・田島眞（編著）『食料経済』講談社サイエンティフィク，1999，pp.24-25.

第4章　食品製造業

いるのが複数の素材や加工品を調理・組み合わせたものであり，レトルト食品，冷凍調理食品，惣菜，弁当，調理パンなどが該当する。

2　食品製造業の分類

　食品製造業は，日本標準産業分類では中分類の「食料品製造業」（小分類で9分類）と「飲料・たばこ・飼料製造業」（小分類で6分類）が該当する（表4-1）。加工の対象となる原料農水産物が多種多様であること，加工方法も多様であることから，両方の中分類を合わせて，細分類では54業種（管理，補助的経済活動を行う事業所を除く）もの多岐にわたる。

　表4-1には，小分類を掲げているが，中分類「食料品製造業」の小分類の多くは加工される素材によって分類されている。一方，中分類「飲料・たばこ・飼料製造業」の小分類は消費される製品による分類となっている。

　しかし，近年食料品製造業の中で特定の原料のみに依存しない小分類「その他の食料品製造業」の生産額が拡大している。これは，前述のように複数の素材や加工品を調理・組み合わせたものの生産が増加していることの現れと言え，食品製造業の理解には細分類の動向を見ることが不可欠である。

表4-1　食品製造業の日本標準産業分類

中分類	09	食料品製造業	中分類	10	飲料・たばこ・飼料製造業
小分類			小分類		
	091	畜産食料品製造業		101	清涼飲料製造業
	092	水産食料品製造業		102	酒類製造業
	093	野菜缶詰・果実缶詰・農産保存食料品製造業		103	茶・コーヒー製造業（清涼飲料を除く）
	094	調味料製造業		104	製氷業
	095	糖類製造業		105	たばこ製造業
	096	精穀・製粉業		106	飼料・有機質肥料製造業
	097	パン・菓子製造業			
	098	動植物油脂製造業			
	099	その他の食料品製造業			

注：管理，補助的経済活動を行う事業所は除く。

3 基礎素材型の縮小，最終加工型の拡大

食品製造業では，1つの業種だけで最終製品まで作られることはまれであり，一般にいくつかの業種での加工を経て最終製品となり，消費者あるいは飲食店に届く。したがって，食品製造業の業種の間でかなり複雑に製品の取引が行われている。このような取引を全て見ることは不可能なので，ここでは次の3つの種類に食品製造業を分類して動向を観察する（表4-2）。すなわち，① 基礎素材型，② 中間加工型，③ 最終加工型，の3つである。原料農水産物から見れば，③の加工度が最も高く，①が最も低い。

基礎素材型は，食品製造業のうち，もっぱら農水産業から原料を受け入れる業種であり，基本的に他の食品製造業からは原料を受け入れない。他方，製品の販売先は他の食品製造業，飲食店，消費者がありうる。

中間加工型は，原料を農水産業または他の食品製造業から仕入れ，製品を他の食品製造業，飲食店，消費者に販売する。

最終加工型は，製品の販売先がもっぱら飲食店，消費者でその製品が他の食品製造業の原料となることはない。原料は農水産業または他の食品製造業から仕入れる。

このように分類して生産動向を見ると，それぞれの特徴が現れる。図4-1はこれらの分類別の国内生産額の推移を表したものである。この図で注意しなければならないのは，2000年以降の数字は，2011年に用いられた新しい部門の定義に従って，2000年まで遡って推計したものであるため，1995年までの数字とは接続しないことである。また，この数字は各年の名目額であるので，物価動向や価格動向を反映したものである。しかし，おおよその傾向をつかむには

表4-2 食品製造業の分類

基礎素材型	と畜（含肉鶏処理），冷凍魚介類，精穀，製粉，砂糖，でんぷん，植物油脂，動物油脂，茶・コーヒー
中間加工型	肉加工品，酪農品，塩・干・くん製品，水産びん・缶詰，ねり製品，その他の水産食品，農産びん・缶詰，農産保存食料品（除びん・缶詰），ぶどう糖・水あめ・異性化糖，調味料，冷凍調理食品，その他の食料品
最終加工型	畜産びん・缶詰，麺類，パン類，菓子類，レトルト食品，そう菜・すし・弁当，学校給食（国公立），学校給食（私立），清酒，ビール，ウイスキー類，その他の酒類，清涼飲料，たばこ
生産資材	製氷，飼料，有機質肥料

注：2005年の産業連関表（全国表）の投入・産出関係に基づくものである。

図4-1 食品製造業の分類別国内生産額
資料：総務省統計局『接続産業連関表』85-90-95，95-00-05，00-05-11及び2015『産業連関表』．

差し支えないであろう。

この図から明らかなのは、基礎素材型の継続的な国内生産額の減少と、最終加工型の2000年までの大幅な増加とその後の低下・上昇傾向である。基礎素材型の生産減少の大きな要因のひとつは、精米工業の生産低下である。この間国内農業では米の価格下落と生産調整による生産量の減少が生じたが、このことが直接基礎素材型である精米工業の生産額の動向に影響を与えた。

一方、最終加工型は2000年から2011年まで減少したが、これには経済のデフレに伴う需要減少と価格下落が影響していると考えられる。また、その後の上昇は物価の上昇と景気回復によるとみられる。1985年から2000年にかけて大きく伸びたのはレトルト食品や惣菜、弁当などの簡便化食品であり、これらの食品は2000年以降も減少しなかった。この結果、2015年には、食品製造業の生産額約37兆円のうちの17兆円（47.3％）を最終加工型が占めている。

基礎素材型の国内生産額の減少は、これに原料を供給している国内農水産業の国内生産額の減少と平行している。一方、最終加工型の動向は、飲食店の国内生産額の傾向とよく似ている。つまり、食品製造業は川上の農水産業に近い業種から川下の飲食店に近い業種まで幅広い業種を含んでいる。別の言い方をすれば、食品製造業は、原料供給の農水産業の生産動向と、最終的な消費者の需要動向を様々な方法で結びつけている産業であると言えよう。

次に、輸入額の動向を見ると、1985年以降特に加工食品の輸入が増加した（図4-2）。基礎素材型は、主として冷凍魚介類の増加により1985年から1990年にかけて大きく増加したが、その後は2011年まで安定していた。

一方、国内でさらに加工される中間加工型やそのまま消費される最終加工型は大きく増加した。特に最終加工型は菓子類、酒類などが増加している。

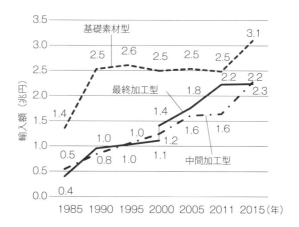

図4-2　食品製造業の分類別輸入額
資料：総務省統計局『接続産業連関表』85-90-95, 95-00-05, 00-05-11及び2015『産業連関表』.

4 食品製造業の構造特性

(1) 従業員規模別に見た出荷額割合など

次に,このような食料品の製造を担っている企業がどのような企業であるのかを見てみよう。

図4-3は,事業所の従業員規模別に事業所数割合,従業者数割合,出荷額割合を見たものである。事業所数割合を製造業全体と比べてみると,食料品製造業は3人以下の割合が低く,従業者規模20人以上の事業所の割合が製造業全体よりも高いことが見て取れる。一方,従業者数割合や出荷額割合も食料品製造業は製造業全体に比べて30～299人の規模の割合が高い。

しかし,従業者300人以上の大規模な事業所では,製造業計では出荷額割合が従業者数割合より高いのに対して,食料品製造業では出荷額割合が従業者数割合と同程度である。このことは,特に従業者規模の大きな企業では従業者1人当たりの出荷額が低いことを意味する。実際,従業者1人当たりの出荷額は,従業者規模99人までは製造業計とほぼ同程度であるが,それを超えると製造業計では規模が大きくなるほど1人当たり出荷額は大きくなるのに対し,食料品製造業ではむしろ低下し,1,000人以上の規模では,製造業計が80.6百万円に対し食料品製造業は26.0百万円となっている。これは,次に見るように,食料品製造業には労働集約的な業種が多いことによる。

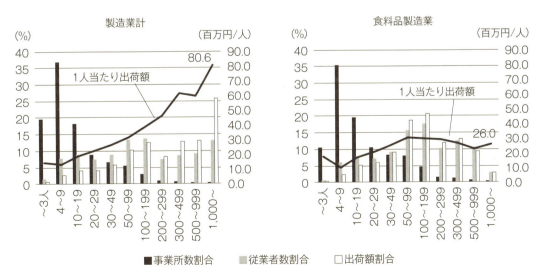

図4-3 従業員規模別事業所数割合・従業者数割合・出荷額割合

資料:総務省統計局『平成28年経済センサス活動調査』2018.

第4章　食品製造業

図4-3は，食料品製造業全体についてのものであり，業種によって構造が異なる。例えば，製粉業のような基礎素材型産業では，従業者規模の多い事業所の出荷額割合が高い。一方，惣菜製造業のような最終加工型産業では，従業者1人当たりの出荷額が小さく，従業者規模に対して出荷額規模が小さい事業所が多い。

（2）業種別の生産構造の特徴

生産のために必要な要素は労働と資本である[2]。業種ごとの生産の特徴を見るひとつの方法は，労働と資本の比率を見ることである。つまり，生産において，大きな機械設備などを必要とするが従業者はそれほど必要としないか（資本集約的），従業者は多く必要であるが機械設備などはそれほど必要ないか（労働集約的）である。これを従業者1人当たりの固定資産額で見てみよう。

表4-3には，54業種のうち，従業者1人当たりの固定資産額が上位15業種と下位15業種を掲げている。

まず，従業者1人当たりの固定資産額が多い業種には，基礎素材型に属する業種が多い。具体的には，砂糖精製業，動植物油脂製造業，砂糖製造業，小麦

[2] 農業の場合はこれに土地が加わる。

表4-3　1人当たり固定資産額の上位業種と下位業種

(百万円, %)

順位	上位15業種				下位15業種			
	業種	1人当たり固定資産額[*1]	1人当たり付加価値額[*2]	従業者20名未満の出荷額割合	業種	1人当たり固定資産額[*1]	1人当たり付加価値額[*2]	従業者20名未満の出荷額割合
1	たばこ製造業	109.2	340.9	0.0	有機質肥料製造業	1.4	9.2	71.0
2	ビール類製造業	102.4	99.7	0.3	製氷業	2.2	16.4	30.2
3	葉たばこ処理業	83.7	53.7	0.0	塩干・塩蔵品製造業	2.8	4.9	21.6
4	砂糖精製業	45.1	33.7	1.9	すし・弁当・調理パン製造業	2.8	4.7	1.8
5	動植物油脂製造業	33.6	25.3	7.8	その他の水産食料品製造業	2.9	6.8	20.9
6	砂糖製造業	29.6	20.4	3.3	海藻加工業	3.3	6.6	18.3
7	小麦粉製造業	28.7	19.1	1.1	野菜漬物製造業	3.4	5.4	15.7
8	食用油脂加工業	24.6	22.5	1.9	豆腐・油揚製造業	3.5	5.7	11.0
9	ぶどう糖・水あめ・異性化糖製造業	22.4	21.1	1.5	生菓子製造業	3.7	6.7	9.5
10	清涼飲料製造業	20.5	31.8	2.8	惣菜製造業	3.8	5.7	5.4
11	蒸留酒・混成酒製造業	20.4	43.0	6.1	その他の畜産食料品製造業	4.1	7.1	6.0
12	処理牛乳・乳飲料製造業	19.7	18.7	1.3	製茶業	4.2	6.6	36.6
13	乳製品製造業	19.6	19.9	0.9	冷凍水産物製造業	4.4	8.4	20.4
14	配合飼料製造業	14.0	31.1	14.4	冷凍水産食品製造業	4.6	8.2	12.3
15	ソース製造業	11.9	9.4	4.5	部分肉・冷凍肉製造業	4.6	8.6	9.2

[*1]：1人当たり固定資産額＝有形固定資産年末現在高÷従業者数
[*2]：1人当たり付加価値額＝付加価値額÷従業者数

資料：総務省統計局『平成28年経済センサス活動調査』2018.

粉製造業，食用油脂製造業である。これらの業種は農水産業から少数の種類の原料を大量に仕入れて処理するために，労働力に対して多くの機械設備を用いる。この点で，基礎素材型業種には，規模の経済[3]が働き，大規模生産の利益の大きい産業が多い。このような産業は一般に装置産業と言われる。

　一方，下位15業種を見ると，1人当たり固定資産額が1桁小さいことがわかる。これらの業種の中には，すし・弁当・調理パン製造業，生菓子製造業，惣菜製造業などの生産が伸びている最終加工型の業種が含まれている。これら最終加工型は，多様な消費者のニーズに応えるべく少量多品種生産を行っていることが多いという面で，生産の方法が基礎素材型の業種とは大きく異なる。1人当たり固定資産額が少ないということは，生産に多くの労働力を必要とするということでもあり，このような業種が多いことが図4-3において従業者規模の大きい事業所における1人当たり出荷額の低さをもたらしている。

　表4-3は1人当たり付加価値額[4]も示しているが，砂糖精製業や小麦粉製造業のような1人当たり固定資産額の大きい基礎素材型の業種では1人当たり付加価値額が大きいのに対し，すし・弁当・調理パン製造業や惣菜製造業などの1人当たり固定資産額が少ない業種では1人当たり付加価値額も小さい。これまでの食品製造業の成長（付加価値額の増加）を担ってきたのはこういった中食産業であったが，これはこの業種に携わる数多くの従業者によってもたらされたものと言える。

（3）　業種別の市場構造の特徴

　市場構造もまた食品製造業の業種ごとの特色を示す。市場構造は，ある商品について生産量の大きい順に企業を並べた場合に，上位企業が占める割合で把握する。これを生産集中度と言い，公正取引委員会がホームページで調査結果を公表している。生産集中度が異なる要因のいくつかは次のとおりである[5]。

① 　顧客市場の有無－在来産業と外来・新規産業の差

　酒類で言えばビール，ウィスキーといった外来産業に対して従来産業の清酒の集中度は低い。後者は各地の醸造所が昔からの固定的な顧客を抱えているために規模が小さくても存続しうる。このことは調味料についても言える。

② 　需要の成長率

　需要の伸びが低く新規参入企業の少ない品目は高く，需要の伸びが高く新規参入の多い品目などでは低い。

③ 　生産における規模の利益

　大量生産が可能な基礎素材型業種である小麦粉などでは，規模の利益が働くため生産集中度は高い一方，その加工品であるビスケット類などでは差別化[6]

---

3)「規模の経済」あるいは「規模の利益」とは，大規模に作るほど製品単位当たりのコストが安くなることを言う。

4)「付加価値額」とは，企業などの活動により新たに生み出された価値であり，生産額から他の企業などに支払った中間投入額を差し引いたもの。従業者の賃金などはこの付加価値額から支払われる。

5)　上路利雄，梶川千賀子『食品産業の産業組織論的研究』農林統計協会，2004，pp.34-36.

6)　差別化とは，商品の価格以外の部分（商品の品質，機能など）で顧客に受け入れられる他社とは違う特徴を持たせることであり，これにより過度の価格競争を避けられるという面がある一方，商品の特徴を消費者に認知させるための広告費が過大になる傾向がある。

が進み，コスト競争圧力が働きにくいため生産集中度は低い。

④ **技術・知識の独占ないし際立った優越性**

際立った技術革新の成果や特許などによって守られているうまみ調味料やコーラ飲料では高く，それほど高い技術を必要とせず，中小企業でも参入が容易な包装緑茶や水産練製品などでは低い。

⑤ **製品差別化**

製品差別化自体は集中度を低める（前頁③）が，差別化が広告などにより徹底的に行われるとブランドへの忠誠心が生じ，集中度は高くなる。例えば，広告宣伝が必要なインスタントコーヒーでは高く，業務用需要中心のレギュラーコーヒーでは低い。

5 研究開発費の低さと広告費の多さ

企業にとって，研究開発や広告にどれくらいの資金をさくかは経営戦略上の重要課題である。食品製造業の特徴のひとつに，研究開発費が少ない一方，広告宣伝費が大きいことがあげられる。まず売上高に占める研究開発費の比率を産業別に比較してみると（表4-4），食料品製造業は1.02％とかなり低く，下から4番目である。一方，この比率は医薬品や情報通信機械などの製造業では高い。

一般に食品製造業では，他の製造業ほどには大規模な研究開発投資，高度な化学的知識，複合的技術の蓄積を必要としないため[7]，中小企業でも研究開発への積極的な取組みを行いうる。実際，製造業全体とは異なり，食料品製造業

7) 上路利雄，梶川千賀子『食品産業の産業組織論的研究』農林統計協会，2004, p.146.

表4-4 売上高に占める研究開発費比率

（％）

	順位	業種	研究開発費比率
上位5業種	1	医薬品製造業	10.04
	2	業務用機械器具製造業	8.85
	3	情報通信機械器具製造業	6.72
	4	電気機械器具製造業	5.67
	5	電子部品・デバイス・電子回路製造業	5.19
下位5業種	17	金属製品製造業	1.40
	18	食料品製造業	1.02
	19	印刷・同関連業	0.99
	20	パルプ・紙・紙加工品製造業	0.87
	21	石油製品・石炭製品製造業	0.31

資料：総務省統計局『平成29年科学技術研究調査』2017.

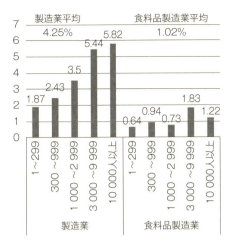

図4-4 従業者規模別研究開発費比率
資料：総務省統計局『平成29年科学技術研究調査』2017.

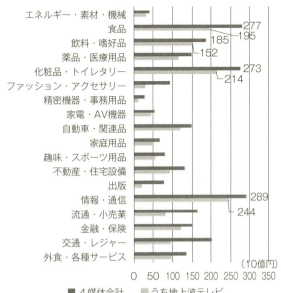

図4-5 業種別広告費
注：4媒体は新聞，雑誌，ラジオ，地上波テレビ。
資料：電通『2017 日本の広告費』2018.

の場合は大企業と小企業の間の研究開発費比率の差が小さい（図4-4）。

　一方，広告費については，食品だけで2,770億円で，情報・通信（コンピュータ，携帯電話，インターネットなど）の2,890億円に次ぐ（図4-5）。しかし，食品に飲料・嗜好品を加えると，4,620億円となり，製造業（図4-5のエネルギー・素材・機械から趣味・スポーツ用品まで）の広告費1兆3,850億円の33.4％を占める。食品製造業の研究開発費が全製造業の2.0％しかないのと比べても，いかに食品製造業が広告に力を入れているかがわかる。広告の4媒体（新聞，雑誌，ラジオ，地上波テレビ）のうち特に地上波テレビによる広告が3,470億円と，食品，飲料・嗜好品の広告費の75％を占める。これはまた，製造業の地上波テレビによる広告の34.1％に当たる。

　このように食品製造業が膨大な広告費をつぎ込んでいる理由のひとつは，消費財産業であるということがある。家庭用品の場合，まずは消費者に認知してもらう必要があるため，広告が販売促進に及ぼす効果は業務用に比べてはるかに大きい。また，食料品の需要の伸びが期待されない中で次々と差別化商品が投入されるなど，競争が激化していることも広告費が大きい理由のひとつである。

6 食品製造業の海外進出

　日本の人口が減少局面へと変化し，国内での食料需要の量的な伸びが期待で

表4-5 食品企業の現地法人販売先別内訳

(10億円, %)

	1997		2000		2005		2010		2016	
売上高合計	1,286	(100.0)	1,429	(100.0)	1,926	(100.0)	2,479	(100.0)	5,367	(100.0)
現地販売	867	(67.4)	1,152	(80.6)	1,246	(64.7)	1,850	(74.6)	4,525	(84.3)
日本向け輸出	258	(20.0)	162	(11.4)	375	(19.5)	284	(11.5)	344	(6.4)
第3国向け輸出	162	(12.6)	115	(8.0)	305	(15.8)	344	(13.9)	497	(9.3)

資料:経済産業省『海外事業活動基本調査』各年版.

8) 第2章コラム(p.20)参照。

きないこと，また，和食を中心とする日本の食文化に対する関心が海外で高まっていることなどから[8]，食品製造業の海外進出が増加している。食品製造業の海外進出は，国内の食料需要が増加していたときには，現地の安価な労働力や農水産物資源によって日本向けの食材を開発し，日本向けに輸出する開発輸入が主体であったが，近年は，アジア諸国の経済発展に伴い，現地で生産し，現地で販売するのが主体になっている。

1997年から2016年の20年弱の間に，食品企業の現地法人の売上高は1兆2,860億円から5兆3,670億円と4倍以上となった（表4-5）。その間日本向け輸出の割合は20.0％から6.4％にまで低下し，その代わりに現地販売が増加し，2016年には84.3％を占めるに至っている。

一方，食品企業の進出先はアジア，特に中国が最も多い。しかし，2010年以

表4-6 食品企業の現地法人企業数の推移

(社)

	1997	2000	2005	2010	2016
全地域	338	394	393	447	537
北米	97	93	82	67	92
アジア	178	223	246	299	367
台湾	12	14	10	9	14
韓国	9	6	2	4	13
シンガポール	15	14	9	13	16
中国	67	108	137	171	175
フィリピン	7	6	7	4	7
マレーシア	10	15	12	11	16
タイ	43	40	45	51	61
インドネシア	11	12	14	15	28
インド	0	2	2	3	5
ベトナム	4	5	8	18	29
その他アジア			1		3
ヨーロッパ	33	44	26	43	43
その他	30	34	39	38	35

資料:経済産業省『海外事業活動基本調査』各年版.

降は中国に代わってタイ，インドネシアなどのASEAN諸国やベトナムへの進出が増加している（表4-6）。

かつて1980年代初頭の食品企業の進出先は韓国，台湾が多かった。その後1980年代後半にはタイ，1990年代に入って中国へと移行した。その背景には安価な労働力を求めて工場を立地し，そこで製造した安価な食料品を日本に安く輸出することがあった。

ところが，進出先の国々が次々と経済発展をとげ，賃金が上昇した。経済発展による賃金の上昇は，一方で中間層や富裕層の増加により，現地での販売増加を見込むことができるようになった。

今後，食品企業にとって海外進出はいっそう重要になると見られる。そのとき，原料の仕入先，製品の販売先をどう想定するかにより進出先は決まってこよう。

●演習課題

課題1：食品製造業がこれまで行ったイノベーションにどのようなものがあるか調べてみよう。

課題2：酒類の生産集中度について，在来産業と外来産業とで異なるかどうか確かめよう。また，調味料についても当てはまるかどうか調べよう。

課題3：広告が私たちの消費生活に及ぼす影響を考えてみよう。

第4章　食品製造業

コラム　イノベーション

経営学の巨匠ピーター・ドラッカー（1909～2005年）は，企業経営におけるマーケティングとイノベーションの重要性を強調し，「顧客が代価を支払うのは，この2つの領域における成果と貢献に対してである」とした[*1]。ここではイノベーションについて述べよう。

経済発展におけるイノベーションの重要性について最初に取り上げたのは経済学者ジョセフ・シュムペーター（1883～1950年）である。彼はその類型として5つの場合を示した[*2]。すなわち，① 新しい財貨の生産，② 新しい生産方法の導入，③ 新しい販路の開拓，④ 原料あるいは半製品の新しい供給源の獲得，⑤ 新しい組織の実現（独占的地位の形成あるいはその打破），である。イノベーションは技術革新と訳されることが多いが，必ずしも技術に限らない広範な内容を含むことがわかる。

シュムペーターの考えを引き継いだドラッカーは，イノベーションを起こしうる7つの機会について述べている[*3]。それは，確実性の大きい順に，① 予期せぬことの生起，② 現実にあるものとあるべきものとの乖離（かいり），③ ニーズの存在，④ 産業構造の変化，⑤ 人口構造の変化，⑥ 認識（ものの見方，感じ方，考え方）の変化，⑦ 新しい知識の出現，である。科学上の新知識よりも日常業務における目立たない分析がもたらすイノベーションのほうが，不確実性がはるかに小さいとした。

以上のように，イノベーションは様々な場面で起こしうるものである。ささやかなイノベーションの積み重ねが大きな成果を生むかもしれないし，身近なことにイノベーションのヒントが転がっているかもしれない。皆さんもまずは日常生活でのイノベーションに挑戦してみてほしい。

[*1] P.F. ドラッカー，上田惇生（訳）『マネジメント　課題，責任，実践　上』ダイヤモンド社，2008，p.134.

[*2] J.A. シュムペーター，塩野谷祐一・中山伊知郎・東畑精一（訳）『経済発展の理論　上』岩波文庫，1977（原著は1912年），pp.182-183. シュムペーターはイノベーションという言葉を使っていない。彼は，生産とは利用しうる様々な物や力を結合することであるとし，発展の源泉を新たな結合を行うこと（新結合）に求めた。これはまさにイノベーションである。

[*3] P.F. ドラッカー，上田惇生（訳）『イノベーションと企業家精神』ダイヤモンド社，2007，pp.15-17.

5 食品流通1（卸売）

サマリー

農業生産と食料消費のあいだにある所有，空間，時間，形態の隔たりを埋める働きが流通機能であり，商的流通機能，物的流通機能，補助的流通機能に大別される。このような流通機能を専門的に担うのが中間業者であり，「取引総数最小化の原理」は中間業者が食品流通に介在する根拠を説明する原理として知られている。

卸売市場は生鮮食品流通の核であり，最も重要な中間業者である。そこでの主なプレーヤーは卸売業者，仲卸業者，売買参加者である。大型小売業者と大型化した産地との直接取引や，生産者による直接販売の増加などにより，市場外流通が増えてきている。2018年には卸売市場法一部改正案が成立し，新制度への移行が決まった。加工食品の流通においては，卸売市場は必要とされず，食品問屋が重要な役割を果たす。

1 流通の役割と組織

（1）流通機能

流通の役割とは，端的に言えば，生産と消費のあいだにある経済的な隔たりを埋めることである。通常，流通機能と表現され，食品における主な流通機能とは，農業生産と食料消費のあいだにある，① 所有，② 空間，③ 時間，④ 形態の隔たりを埋める働きである。

流通機能は表5-1に示すように3つに大別され，①～⑨はそれらの代表的

表5-1 流通機能の分類

1）商的流通機能	① 購買機能，② 販売機能
2）物的流通機能	③ 輸送機能，④ 保管機能，⑤ 加工機能
3）補助的流通機能	⑥ 金融機能，⑦ リスク負担機能，⑧ 市場情報機能，⑨ 標準化機能

第5章　食品流通1（卸売）

な機能である。これらにより，生産と消費のあいだの経済的な隔たりが橋渡しされる。

1）商的流通機能

流通機能の核となる機能である。所有の隔たりとは，生産者は商品を所有しているが，消費者は所有していないことである。このような所有の隔たりを埋めて，消費者が食品を消費するには，それを自分のものにする必要がある。そのためには，所有権の移転が必要であり，誰かが食品を購買し販売することで，所有権は移転する。誰かが購買機能と販売機能を担うことで，フードシステムは最低限の役割を果たす。このように，所有の隔たりを埋める働きが商的流通機能（商流）である。

2）物的流通機能

空間の隔たりとは，生産の場所と消費の場所が離れていることである。この隔たりを埋める働きが輸送機能である。その象徴が，わが国の海外からの大量の食料輸入である。貨物船は海外と国内の空間の隔たりを，国内では，主にトラックが産地と消費地の空間の隔たりを埋める輸送機能を担っている[1]。

また，時間の隔たりは，生産の時間と消費の時間が異なることである。この隔たりを埋める働きが保管機能である。食肉加工業者は，牛肉を低温冷凍で保存することにより，適切な時機に，牛肉を安定的に小売業者ひいては消費者に供給することができる。食品小売店の物流センターやJA（農業協同組合）のカントリーエレベーターなどは，適切な時機に食品を流通させる保管機能を持っている。

さらに，形態の隔たりがある。農業生産物と消費者が購入する食品は必ずしも同一ではない。農場で飼養される肉用牛は後にと畜・解体され，枝肉，部分肉加工を経て精肉となるなど，形態を大きく変える。と畜場や食鳥処理場には，畜産物の形を大きく変え，付加価値を形成する重要な加工機能がある。

このように，空間，時間，形態の隔たりを埋める働きが物的流通機能（物流）である。

3）補助的流通機能

上記の商的流通機能及び物的流通機能の遂行を円滑にする機能が補助的流通機能である。直接的には，食品の所有権の移転（商流）や物的処理（物流）に関わらないが，これらの機能がなければ，現代の高度なフードシステムは円滑に機能しない。代表的な補助的流通機能には，金融機能，リスク負担機能，市場情報機能，標準化機能がある。ほかに，現代の食品流通には，農業生産者と消費者のあいだにある，食品を誰がどこでどのように生産・加工したかという情報の隔たり（情報の非対称性）を埋める重要な働きも求められている。

---

[1] 環境負荷軽減の観点から，トラックで行われている長距離輸送を鉄道・貨物輸送に転換するモーダルシフトが提唱されている。

（2）流通組織――中間業者とその存在意義

1）取引総数最小化の原理

生産者と消費者のあいだに入り，流通機能を専門的に担う人または組織を「中間業者（middlemen）」と呼ぶ。JAや卸売市場，食品製造業者，食品小売業者などは全て中間業者である。

食品流通に中間業者が介在する根拠を説明する原理として知られるのが，1948年にマーガレット・ホールが提唱した「取引総数最小化の原理」である[2]。

取引総数最小化の原理とは，生産者と消費者の直接的な取引よりも，あいだに中間業者が介在するほうが少ない取引経路数となり，後述の取引費用を含む諸々の流通コストが削減できるという原理である。図5-1は中間業者が介在しないケースであり，生産者による農産物の直売などが行われている[3]。この場合，4×4＝16の取引経路数である。そこでは，加工や輸送などの流通機能は全て生産者と消費者で分担されることに留意する必要がある。産直市場や道の駅は，諸々の流通機能を生産者や消費者に移転することで他の中間業者を省いている。図5-2は中間業者が介在するケースであり，取引経路数は4＋4＝8に少なくなっている。

生産者数と消費者数が増加すればするほど，中間業者の存在意義は大きくなる[4]。逆に言えば，後述のように，産地や小売業者が大型化している現在の状況は，あいだに介在する中間業者の存在意義が薄らいできていることを意味しており，最近の卸売市場の改革に関わる議論もその点に深く関わっている。

2）中間業者が介在する経済学的根拠

上記の原理とともに，食品流通に中間業者が介在する経済学的根拠を3点指摘しておこう。中間業者がいなければ，生産者や消費者は以下の経済的利益を犠牲にすることになる。

① 「分業の利益」の享受

食品製造業者や小売業者など中

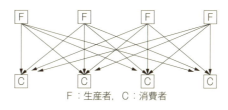
F：生産者，C：消費者
図5-1　中間業者が介在しないケース

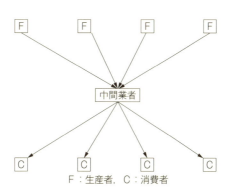
F：生産者，C：消費者
図5-2　中間業者が介在するケース

2）他に，ホールが提唱した原理として「不確実性プールの原理」が知られている。「小売業者が欠品に備え，それぞれ在庫を持つよりも中間業者が在庫を持ったほうが在庫量が少なくてすむ」という原理である。

3）Kohls R.L. and Uhl J.N., *Marketing of Agricultural Products 9th ed.*, Prentice-Hall, 2002, pp.29-30を参考にしている。

4）一方で，中間業者の数が増加すると中間業者が介在する意義が薄らぐことも，この原理は示している。例えば，図5-2にもう1人中間業者が加わると取引経路数数は（4＋4）×2＝16となり，図5-1の場合と比べて経路数は減少しない。自分で図を描くことで確かめてみよう。

間業者がいるおかげで，農家は「農業生産」に集中でき，消費者は様々な活動を行うことができる。これは，現代の産業化社会の一般的な特徴でもある。

② 「規模の経済」の発現

取引量（生産量）が増加するほど，単位当たり費用（平均費用）が低下する規模の経済が発現する。これは中間業者の成長・拡大を促す要因となっている。

③ 「取引費用」の削減

取引相手を探す探索費用，取引相手と交渉する費用，さらに取引相手の契約遵守を監視する費用といった取引費用を削減できる。

2 卸売市場の仕組みと機能

(1) 卸売市場の概要

卸売市場は生鮮食品流通の核であり，最も重要な中間業者である。そこでは，青果物，水産物，食肉など生鮮食品の他に花き（観賞用の植物）が取り扱われる。生鮮食品は各地の生産者から卸売市場に集められ，卸売業者や仲卸業者，売買参加者を経由し，小売業者，消費者に流通する。

卸売市場は1971年に制定された「卸売市場法」によって運営・管理されている[5]。1923年に制定された「中央卸売市場法」[6]を改正したもので，その目的は，① 生鮮食料品の価格安定，② 生産者に対する販路の提供，③ 小売業者に対する仕入れの場の提供，④ 流通経費の削減，⑤ 生鮮食料品の衛生，鮮度の保持，⑥ 都市機能の維持向上，などである。

卸売市場は開設者・管理形態・取扱規模などから「中央卸売市場」「地方卸売市場」「その他の市場」に分類される。中央卸売市場は，農林水産大臣の認可によるものであり，2016年度末現在，64市場（40都市）ある[7]。また，地方卸売市場は都道府県知事の許可が必要であり，1,060市場ある[8]。その他の市場には，卸売市場法による規定はない。なお，中央卸売市場の取扱金額（2016年度）は4兆162億円であり，内訳は，青果物2兆404億円，水産物1兆5,490億円，食肉2,876億円，花き1,207億円，その他185億円であり，青果物が最も多い。また，地方卸売市場の取扱金額（2016年度）は3兆2,472億円である。

中央卸売市場の数は，91市場あった1980年度から30％減少した。人口減少が進行する中，中央卸売市場増設の必要性は低下し，中央に比べ規制の緩やかな地方卸売市場への転換が進んでいる状況である。

---

5) 1999年及び2004年の2度の改正を経て，さらに2018年には一部改正案が成立し，現在，新制度への移行が決定している。

6) 取引の公平性，公正性，透明性が重視され，上場品の受託拒否の禁止，出荷者の差別的取扱いの禁止，セリ取引，即日決済を原則としたものであり，その後の卸売市場制度の基本となっている。

7) 都道府県あるいは人口20万人以上の都市に開設される。

8) 売場面積が青果市場330㎡以上，水産市場200㎡（産地市場は330㎡），食肉市場150㎡以上とされている。

（2）市場流通と市場外流通

　生鮮食品の流通のうち、卸売市場を経由するものを「市場流通」、経由しないものを「市場外流通」と言う。図5-3は、生鮮食品の卸売市場経由率を示したものである。品目によって、市場流通のウエイトがかなり異なることがわかる。2015年現在、野菜、果実、水産物はそれぞれ67％、39％、52％と[9]、近年低下してきているものの相対的に高い。これに対して、食肉は卸売市場に併設されていないと畜場（産地食肉センターなど）を経由する割合が高いため[10]、市場経由率はかなり低くなっている（豚肉7％、牛肉14％）[11]。1980年の野菜、果実、水産物の卸売市場経由率は、それぞれ85％、87％、86％と、市場流通が生鮮食品流通の主流であったが、近年、

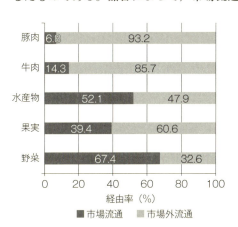

図5-3　生鮮食品の卸売市場経由率
（2015年）

資料：農林水産省『平成29年度　卸売市場データ集』を元に作成．

9）青果物の市場経由率は58％であるが、国産に限れば81％と高い（2015年度）。

10）食肉においては規格化が進んでいることが主な要因である。産地食肉センターで解体されたものはそこで格付けされるため、卸売市場での評価を必要としない。

11）食肉の市場取引自体は少ないが、市場内でのセリ・入札の比率は87％と高く、そこで形成される価格が市場外取引の基準となる。後述のように、市場が果たす価格形成機能は重要である。

食品流通をめぐる実態が変わりつつある。後述のように、市場外流通が増加し、市場流通の意義が見直されている。

（3）卸売市場の構造と機能

1）卸売市場の取引の構造

　図5-4は卸売市場を介した取引の構造を示したものである。生産者は自ら生産した農産物を主にJAや集荷業者を通じて卸売市場に持ち込む。持ち込まれた農産物は、卸売業者によって仲卸業者や売買参加者にセリや相対取引によって販売される。仲卸業者は、卸売業者から購入した農産物を市場内の自社店舗で小分けし、買出人である小売業者やスーパーなどに販売する。

　また、同図は矢印の種類

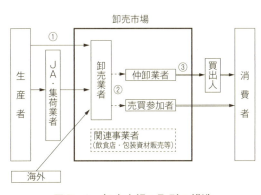

図5-4　卸売市場の取引の構造

表5-2　中央卸売市場における取引の割合（金額ベース，2015年度）

(単位：％)

		青果物	水産物	食肉
①生産者（出荷者）⇒卸売業者	買付	38.7	80.6	5.1
	委託集荷	61.3	19.4	94.9
②卸売業者⇒仲卸業者	相対	89.4	82.9	12.8
	セリ・入札	10.6	17.1	87.2

資料：農林水産省食料産業局食品流通課2017年公表の資料より．

により，市場内で取引が段階的に行われることを表している。① 生産者やJAなど産地から卸売業者への委託集荷または卸売業者による買付，② 卸売業者と仲卸業者・売買参加者間のセリ・入札または相対取引，③ 仲卸業者と買出人などとの取引である。表5-2は，中央卸売市場における取引（委託集荷，セリ・入札など）の割合を示したものである。

　卸売市場法の1999年度改正（2000年施行）により，セリの原則が廃止された（相対取引の規制緩和）。その結果，青果物のセリ・入札の割合は10.6％ときわめて低くなっている。従来，産地からの引受けは委託集荷が原則であったが，法改正に伴い，その割合も低下し，青果物で61.3％，とりわけ水産物では19.4％ときわめて低くなっている。水産物では，セリ・入札の割合も17.1％と低い。マグロのセリを思い浮かべる多くの消費者のイメージとは異なり，相対取引が8割以上を占めている。また，前述のように，食肉の市場経由率は低い（食肉全体で9％）。ただし，建値（価格形成）に果たす食肉の市場流通の意義は大きく，青果物や水産物とは異なり，委託集荷やセリ・入札の割合はきわめて高くなっている。このように，卸売市場における取引は品目ごとに特徴が大きく異なっていることがわかる。

2）卸売市場の機能

卸売市場の主な機能は以下の4つである。

① 集荷（品揃え）・分荷機能

各地から多種大量の品目を集荷し，実需者のニーズに応じて，必要な品目・量を分荷する機能である。

② 価格形成機能

需給を反映し，迅速かつ公正な評価による透明性の高い価格を形成する機能である。

③ 代金決済機能

実需者から販売代金を回収し，出荷者へ迅速かつ確実に決済する機能である。

④ 情報受発信機能

生鮮食品の需給情報を収集し，また，市場で形成された価格情報をフードシステムの川上（農水産業）・川下（食品小売業・外食産業）に伝達する機能である。

卸売市場が果たしているこれらの機能は重要であり，生鮮食品流通の核となるものである。

3 市場外流通の増加

(1) 市場外流通の増加とその要因

図5-5は，生鮮食品の卸売市場経由率の推移を示したものである。これを見ると明らかなように，市場経由率は年々低下してきている。例えば，青果物の市場経由率は1990年に81.6％であったのが，2000年に70.4％，2015年には57.5％と大きく低下してきた。水産物についても同様の傾向が見られる。青果物における市場外流通の増加には主に次のような要因が考えられる。以下にその要因を検討しよう。

第1は，輸入青果物の急増である。第2章で見た食生活の高度化・洋風化は，バナナなど果実の輸入増加を促した。さらに，1991年のオレンジの輸入自由化による輸入価格の低下が拍車をかけた。輸入品は卸売市場において価格形成の必要がなく，輸入業者などの中間業者を通じ，仲卸業者や小売業者に直接販売されることが多い。すなわち，市場外流通の形態をとることが多くなった。

第2は，量販店など大型化した小売業者と大型化した産地との直接取引の増加である。卸売市場における仕入れ価格の変動を回避し[12]，店頭での事前の価格付けを行うためには，産地と直接取引するほうが有利である。量販店は，産地から直接仕入れる流通チャネルを開拓するようになってきた。また，近年では食の外部化に伴う加工・業務用需要の拡大を背景に，産地と食品加工業者などとの直接取引も増えてきている[13]。

第3は，生産者及

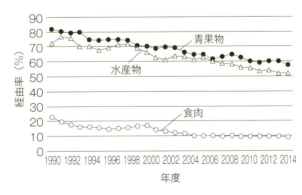

図5-5　生鮮食品の卸売市場経由率の推移
資料：農林水産省『平成29年度　卸売市場データ集』2018年を元に作成．

12) 卸売市場で形成される価格は，生鮮食品の需要の価格弾性値（第3章，p.23参照）が小さく非弾力的であるため，天候の変化による入荷量の変動により大きく変動する傾向がある。

13) 種市 豊・相原延英・野見山敏雄（編著）『加工・業務用青果物における生産と流通の展開と展望』筑波書房，2017を参照。

第5章　食品流通1（卸売）

びJAなど生産者団体による直接販売の増加である。生産者の側においても，市場価格の変動は安定収入を妨げる可能性がある。自ら値決めできる直接販売を求める生産者は増加している。ネットの普及は農家直販を促し，「顔が見える」という理由で，それを求める消費者も増加している[14]。JAなどによる農産物直売所の大型化も市場外流通の増加を促す大きな要因となっている[15]。また，近年の製造業者や小売業者が自ら野菜生産を行う農業参入の動向なども従来の市場流通に代わる流通チャネルとして注視する必要がある。

（2）低下する市場機能と卸売市場法改正の動向

卸売市場が果たしている集荷・分荷や価格形成などの機能は依然重要であるものの，前述のように市場外流通が進展する中，市場流通の意義が見直されてきている。卸売市場の取扱金額も9.2兆円（1980年）から6.7兆円（2013年）へと大きく減少した。1971年の卸売市場法制定当時とは，農業生産・食料消費のスタイルがかなり変化してきたことが背景にある。1999年，2004年の2度の改正を経て，2018年6月に卸売市場法一部改正案が成立し，新制度への移行が決まった[16]。これは，① 物流の効率化，② 情報通信技術などの活用，③ 鮮度保持などの品質管理，④ 国内外の需要への対応，⑤ 公正な取引環境，の5つの課題に対応すべくなされたものである。

4　加工食品の流通

これまで生鮮食品の流通について見てきたが，第2章で触れたように，現在の食生活には，むしろ加工・調理食品が浸透している。1980年代までは乳製品や水産加工品，調味料などの素材型の加工食品が中心であったが，とりわけ，中食の需要が拡大する1990年代以降，惣菜などの付加価値型の食品が増えている。このことは，卸売市場の取扱金額の減少とけっして無縁ではない。食生活の成熟化に伴い，新商品も次々と開発され，きわめて多様な加工食品が私たちの食生活を彩っている。

ところで，加工食品には，一次加工品と二次加工品（場合によっては三次加工品）がある[17]。小麦は小麦粉（一次加工品）になり，さらにパン（二次加工品）になる。一次加工品の多くは直接消費者に販売されることは少なく，食品製造業者の原料となる。また，二次加工品は消費者が直接・間接に購入する。また，加工食品は生鮮食品とは異なり，食品問屋を介した流通が多い（図5-6）。缶詰やレトルト食品，スナック菓子やカップ麺など，常温流通が可能な加工食品は食品問屋を経由することが多い。一方で，豆腐や納豆，生麺類，乳

---

14) この点で，市場流通には生産者・消費者双方の顔が見えないというデメリットがある。

15) 新開章司「地産地消の拠点としての農産物直売所―今後の展開と競争戦略」農業と経済（臨時増刊号），第84巻第10号，2018，pp.115-121を参照。

16) 主な改正点は，まず，中央卸売市場の開設・運営に際し「開設者は都道府県や人口20万人以上の市」であるのが「開設者の制限なし」になる点である。また，「原則禁止」である第三者販売・直荷引きや「原則適用」である商物一致が「各市場で関係者が協議し，必要に応じて設定」できるようになる点である。

17) 以下の記述は，茂野隆一他『新版食品流通』実教出版，2014，pp.101-102を参考にしている。

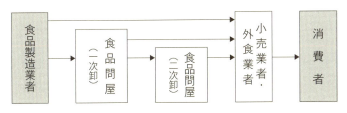

図5-6　加工食品の流通チャネル

製品など，貯蔵性が乏しく鮮度が重視される加工食品は，流通に要する時間を短く，さらに，小売店への配送頻度を多くするよう，食品製造業者から小売業者などに直接販売される。これらは日配食品などとも呼ばれる。

一般家庭用の加工商品について前述したが，食の外部化の進展に伴い，近年，食堂や給食業者，外食業者などに流通する業務用加工食品が増加している。業務用は家庭用の少量・小型の商品形態と異なり，大型容器やタンクローリーなどで流通する。

◆演習課題

課題1：本章で学んだ流通の主な働きや機能について，まとめてみよう。

課題2：近隣の卸売市場を見学し，取引が実際にどのように行われているのか，参加者はどのように行動しているのか，現状や課題などを研究してみよう。

課題3：よく利用する加工食品をいくつか取り上げ，それらの原料や流通チャネルについて考えてみよう。

コラム　ベジフルスタジアム

福岡市中央卸売市場青果市場「ベジフルスタジアム」は，市内の旧3市場（旧青果・西部・東部市場）を統合し，福岡市東区のアイランドシティ（人工島）に2016年2月に開場している。「ベジフルスタジアム」の施設の主な特徴を以下に3点ほどあげておこう。

①　コールドチェーンの充実

わが国の中央卸売市場における低温卸売場の整備割合（面積）は18％（2015年度末）と低い中で，ベジフルスタジアムでは，卸売場の大半を密閉式の定温卸売場として整備し，冷蔵庫も充実させるなど，食の安全・安心に注力している。

②　低炭素化・環境保全への取組み

フォークリフト・ターレット用の共同充電設備を設置することで市場内搬送車両の電動化を推進し，またメガソーラーを設置することで再生可能エネルギーの使用を推進するなど，環境負荷の軽減に取り組んでいる。

③　市場会館棟と多目的広場を一体的に配置

市場会館棟内の関連事業者店舗に接続したイベント開催可能な多目的広場を整備することで，市民の認知度向上や市場活性化に取り組んでいる。

また，ベジフルスタジアムは，以下の2点に重点的に取り組むことで，市場のブランド化を推進している。第1は，残留農薬検査の強化による市場内の食品衛生検査所の機能強化である。第2は，青果物輸出の推進である。アジア地域に近い好立地を活かし，香港などへの輸出を促進している。

場内で行われるセリ取引（中川　隆撮影）
国内外から大量かつ多様な青果物が集う「福岡の台所」であるベジフルスタジアム。福岡県民の食生活にとっても不可欠な「心臓の役割」を果たしている。

6 食品流通2（小売）

サマリー

季節の果物や新鮮な野菜など，消費者にとって最も身近に食料品の存在を確認できる場所がスーパーマーケットといった食品小売業である。また，普段の飲み物やおにぎりなど，手軽に購入できるコンビニエンスストアも私たちの生活にとっては欠かせない存在である。本章では，これら食品小売業の成り立ちと特徴を明らかにし，それらを支える仕組みや背景を確認する。

1 食品小売業の役割と分類

小売業とは，消費者向けに流通サービスを提供する業種である。中でも，生鮮食品に関しては，青果や精肉，鮮魚別に種類や部位別の加工や小分けとともに，それぞれの商品に応じた鮮度管理，産地名や価格の付加など高度な流通サービスが求められる。その特殊性ゆえ，長らく生鮮食品には品目別に八百屋，魚屋，肉屋といった専門小売店が存在していた。これらは「業種（type of store）」と呼ばれるが，これは何を売るかによって定義された分類である。

一方，販売する品目に関わらず，対象とする客層や商品，あるいは価格帯や立地，販売方法などのマーケティングによって，つまり何をどう売るかという「業態（type of business）」での分類ができる。例えば，同じ商品であってもデパートやスーパーマーケット（スーパー），あるいはコンビニエンスストア（コンビニ）といった業態別では，価格や販売方法は全く異なる[1]。この点で，近代小売業とは業種から業態への転換であり，さらに業態が多様化していった歴史と言える。

2 小売業態の移り変わり

主に食料品を扱う小売店の販売動向について，経済産業省「商業統計表」か

[1] 他の小売業態として，食品を含めた日用品全般を低価格で販売するディスカウントストア，医薬品や化粧品を中心に扱うドラッグストア，住宅設備に特化したホームセンター，複数の専門店や業態が集積したショッピングセンターなどがある。

第6章　食品流通2（小売）

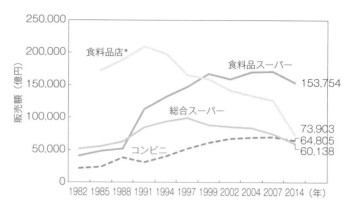

図6-1　小売業態別販売額の推移
注：食料品店は食料品専門店と食料品中心店の合計である。
資料：経済産業省『商業統計表』各年．

2）食料品専門店とはセルフサービスを採らない食料品の販売が90％以上の店舗であり，食料品中心店とは食料品専門店を除いたセルフサービスでない食料品の販売が50％以上の店舗を指す。

3）経済産業省『商業動態統計調査』によると，各小売業態別の食料品の販売シェアはデパート28.4％，スーパー73.9％，コンビニ64.6％，ドラッグストア26.8％である（2017年）。

ら小売業態別に確認してみたい。このうち総合スーパーは家具や電化製品などの食料品以外も含まれるので単純な比較はできないが，2014年において販売額では食料品スーパーが最も大きく15.4兆円（うち飲食料品14.2兆円）となっている（図6-1）。次いで，食料品店（食料品専門店及び食料品中心店）7.4兆円（同6.8兆円），コンビニ6.5兆円（同4.4兆円），総合スーパー6.0兆円（同3.3兆円）である[2]。

年次別の販売額の推移を見ると，食料品店が1991年をピークとして大きく減少し，また総合スーパーも1997年以降は減少・停滞傾向が示されている。一方で，これらを補完する形で食料品スーパーの販売額が急拡大していることがわかる。また，コンビニは販売額規模では低いものの着実に増加しており，2014年では総合スーパーの販売額を上回る水準となっている[3]。

さらに小売業態別の特徴について確認しておきたい。店舗数では，食料品専門店の店舗数が最も多く，次いで食料品中心店，コンビニといった順となっている（表6-1）。商品特性の点では，食料品は日常生活に不可欠な必需品であ

表6-1　小売業態別店舗数・店舗効率・販売効率（2014年）

	店舗数	店舗当たり		年間販売額（万円）		
		売場面積㎡	従業者数	店舗当たり	従業者当たり	売場面積当たり
小売業計	775,196	174	7.5	15,761	2,567	63
総合スーパー	1,413	8,879	188.2	425,603	3,100	48
食料品スーパー	14,768	1,271	50.7	104,113	2,940	82
コンビニ	35,096	124	15.3	18,465	1,884	149
食料品専門店	93,017	42	4.2	3,784	1,028	77
食料品中心店	58,933	79	4.8	6,568	1,632	69

資料：経済産業省『商業統計表』2014．

り，最寄りの店舗から購入する頻度が高い「最寄品」であるが，近隣に店舗があるかどうかが重要になる。また，店舗当たりの売場面積や従業者数では小売業態別に大きな開きがあることから，食品小売業では小規模の小売店が大多数を占めていると見られる。中でも，コンビニは売場面積当たりの年間販売額は小売業態の中で最も高い水準であり，限られた売場において高い販売効率を上げていることがわかる。

ここで小売業態別に従業者の構成を見ると，総合スーパーや食料品スーパーでは正社員は15%前後のみで，従業者のほとんどはパート・アルバイトで占められていることがわかる。パート・アルバイトに依存する構造はコンビニでも同様であり，これら小売業態はパート・アルバイトの労働力を最大化し，高い販売効率を上げていると言える（図6-2）。また，デパートは，出向・派遣受入が従業員の過半数を占める特徴的な小売業態と言える。

消費者の食料品の購入先について，総務省「全国消費実態調査」から年次別の変化を見たものが図6-3である。食料品の購入先として2014年では，スー

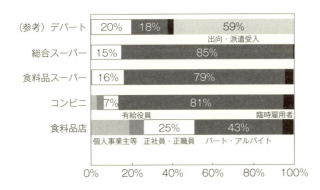

図6-2　小売業態別従業者構成（2014年）
資料：経済産業省『商業統計表』2014.

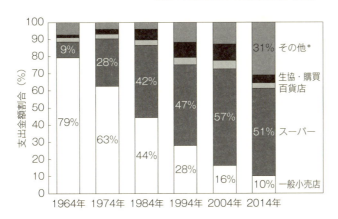

図6-3　購入先別支出金額割合（食料品）
資料：総務省『全国消費実態調査』各年.

パーの割合が最も高く51％を占めており，次いで一般小売店が10％となっている。ここで一般小売店とは，青果店や鮮魚店，精肉店といった専門小売店と見られるが，時代とともに食料品の購入先が一般小売店からスーパーへと大きくシフトしていることがわかる。また，コンビニの支出金額割合は3.3％と推計されるが，近年ではこの割合が徐々に高まる傾向にある[4]。すなわち，食品小売業における大きな変化とは，対面販売を行う一般小売店から，セルフサービスを導入したスーパーやコンビニなどの新たな小売業態に主導権が移っていったのである。次に，主な購入先である食料品スーパーとコンビニの特徴や成り立ちについて見ていきたい。

> 4）その他31％の内訳として，コンビニ3.3％，ディスカウントストア3.8％，通信販売2.6％，その他21.4％である。総務省『平成26年全国消費実態調査』2015．

3 わが国のスーパーマーケットの特徴

スーパーは1930年にアメリカで出現した小売業態であるが，その特徴として販売方法として「セルフサービス」，大量仕入れによる「安売り」「現金持ち帰り」であり，これによって食料品の「ワンストップ・ショッピング」を実現したのである。わが国ではスーパーは戦後になって導入され，高度経済成長期の旺盛な消費需要に対応して急拡大した小売業態である。

わが国のスーパーはその発展形態から大きく2つに分けられる。ひとつは，店舗面積250㎡以上，食料品の売上が70％以上を占める「食料品スーパー」であり，主に都道府県内や地域単位でチェーンを展開している。もう一方は，店舗面積は3,000㎡以上と大規模で，食料品以外にも衣類や家電などの耐久消費財も販売する「総合スーパー」または総合量販店（general merchandise store：GMS）と呼ばれる業態である。総合スーパーは主に都市部に立地し，全国的なチェーンを形成しながらデパートの代替機能を果たすとともに，PB（プライベート・ブランド）商品の開発など先駆的役割を担ってきたが，近年では画一的な店舗運営や専門店の追い上げなどから低迷傾向が続いている（図6-1）[5]。

ここで食料品スーパーの部門別の販売割合を見ると，全国スーパーマーケット協会など3団体によると，青果，水産，精肉などの生鮮部門が最も大きく，全体の34％を占めている（図6-4）。次いで，加工食品などの一般食品26％，豆腐類や牛乳・乳製品などの日配品19％，惣菜10％であり，これら食品部門全体では89％を占めており，食料品スーパーが家庭での食材供給の大きな役割を果たしていることがわかる。

現在，スーパーでは野菜や鮮魚・精肉などが分量別に整然とパックされており，いつも新鮮な状態のまま割安な値段で販売されている。しかし，アメリカ生まれのスーパーがわが国に定着するまでには膨大なコストと試行錯誤が必要

> 5）総合スーパーの2016年の部門別売上割合は，食品部門65％（うち生鮮23％），衣料品9％，住関連20％，サービス他6％となっている（日本チェーンストア協会『チェーンストア販売統計』）。なお，これら売上には総合スーパーの他，一部の家具，外食，ホームセンターなどのチェーン企業も含まれていることに留意する必要がある。

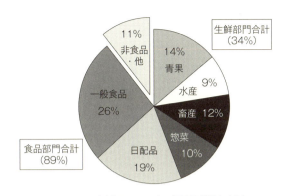

図6-4 食料品スーパー部門別販売割合
資料：全国スーパーマーケット協会『スーパーマーケット年次統計調査』2015.

であった。例えば、セルフサービスは消費者にとって自由に商品を比較でき、店舗にとっても商品の説明が省ける大きなメリットがある。しかし、セルフサービスをするためには商品があらかじめパッケージ化され、価格や産地・製造業者などの情報がラベル化されていること、すなわち「商品の規格化」が前提となる。そのためには、鮮度を保持したまま部位別やサイズ別にパッケージ化する高度な技術が必要になるのである。もともと、アメリカの食生活は冷凍食品をはじめとした加工食品が中心であり、週1回程度の大量・まとめ買いといった購買スタイルが一般的である。一方、わが国の食生活は、青果・精肉・鮮魚といった生鮮食品の割合が高く、買い物はその日に必要な分量や部位のみを購入する少量・多頻度が中心である。そのため、わが国のスーパーにおいては、鮮度とともに部位別や小分けといった高い加工技術が求められたのである。

一方、鮮魚店や精肉店など生鮮食品を扱う専門小売店では、対面で顧客の要望を聞いてカットなどの加工をしながら、値引きによって鮮度の落ちたものを売り切ることができた。売れ残った商品の廃棄を「廃棄ロス」、また鮮度低下などで値引きした場合を「値引きロス」と言い、いずれも利益に直結する決定的に重要な問題である[6]。中でも生鮮食品でいかにロスを抑えるか、すなわち生鮮食品でどれだけ利益を上げられるかがわが国スーパーの課題であった（図6-5）。初期のスーパーでは、専門小売店の経験者（職人）に鮮度管理や加工を依存していた時期もあったが、徐々に加工技術のマニュアル化を進め、パート社員でも一定の加工ができる仕組みを作り上げた。同時に、専用冷蔵ケース導入やプリパッケージ（販売前にあらかじめ包装すること）などの開発が進行し、中でも店舗バックヤードでのインストア加工による鮮度管理レベルの向上でロス率が大きく低減した。その点でわが国の食料品スーパーは単なる小売ではなく、加工・製造といった機能も備えた特殊な小売業態とも言える。

[6] その他、在庫不足など販売が見込まれるのに商品を提供できない場合の「機会ロス」（チャンスロス）がある。廃棄ロスや値引きロスは商品なり値下げといった見える損失であるが、機会ロスは見えない損失と言える。一方で、機会ロスを恐れるあまりの過剰仕入れは、逆に廃棄ロスなどを招く結果となる。

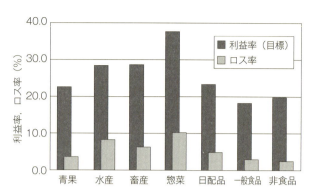

図6-5　食料品スーパー部門別利益率・ロス率
注：ロス率とは，売上高（実績）に対するロス高（廃棄，値引き）の割合である。
資料：全国スーパーマーケット協会『スーパーマーケット年次統計調査』2015.

4 コンビニエンスストアの革新性

　コンビニでは，飲み物やおにぎり，サンドイッチといった食品の購入だけでなく，新聞や雑誌，宅配受付から現金引き出し，チケットなどの各種サービスの購入ができ，もはや社会のインフラ（基盤）のひとつとして私たちの生活にとって欠かせない存在である。経済産業省「商業統計表」の定義によると，コンビニとは売場面積250㎡未満で，セルフサービスによる飲食料品販売で14時間以上営業する業態を指すが，実際には年中無休24時間営業のところが多い[7]。

　コンビニの最大の特徴とは，消費者の便利さ（コンビニエンス），すなわち利便性を徹底的に追求した小売業態である点である。具体的には，すぐ立ち寄れる「店舗立地」であり，「長時間営業」とともに絞り込んだ「品揃え」であるが，いずれも消費者の便利さを重視したものである。便利さは商品においても踏襲されており，コンビニではすぐに食べられる食料品，すなわち米飯やサンドイッチといった中食が主力商品となっている（図6-6）。また，飲料やカップ麺といった加工食品，あるいは牛乳やパンなどの日配品もすぐ消費されるという意味では広義のファーストフードであり，これら食料品の割合が売上の7割に達していることを考えれば，コンビニを食品小売業と見なすこともできる。

　業界トップのセブン-イレブンでは，店舗を生活サービスの拠点と位置づけており，銀行ATM設置の他，住民票発行などの行政サービス，各種チケットの発売，食事や食材の宅配サービスも行っている。

　かつてはコンビニの利用者は20歳代など若年層が中心であったが，現在では50歳代以上の利用者がおよそ4割弱を占めている（図6-7）。そのためコンビ

[7] 近年では，労働力不足から，営業時間短縮の動きがある。

4　コンビニエンスストアの革新性

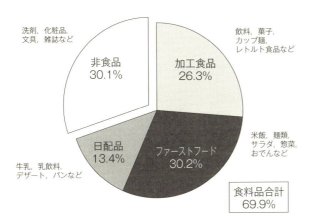

図6-6　セブン-イレブン部門別構成割合（2018年2月実績）
資料：セブン-イレブンジャパン『セブン-イレブンの横顔2018-2019』2018.

ニチェーン各社では，主力商品である中食も薄味や少量パック，あるいは健康志向など高齢者を意識した品揃えにシフトしている。また，近年では生鮮野菜や精肉などの品揃えの拡大など，内食においてもコンビニの役割が徐々に高まっている。

わが国のコンビニは，1974年のセブン-イレブン豊洲店の開店をその出発点としている。コンビニそのものの起点はアメリカであるが，現在のような独自の小売業態，すなわち中食を主力とした品揃えながら，高い販売効率まで進化させたのはわが国においてである。その背景には，小売業のみならず日本人の生活スタイルに大きな影響を与えた革新性がある。当初，コンビニの導入は総合スーパーなど大型店の攻勢から淘汰が進んでいた中小小売店の生き残り策でもあった。一方で，朝7時から夜11時までといった長時間営業は，増加しつつ

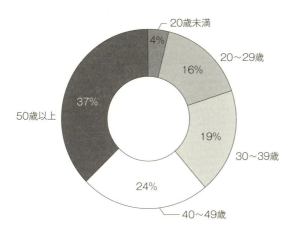

図6-7　年齢別客数構成比（2017年度）
資料：セブン＆アイ・ホールディングス『コーポレートアウトライン』2018, p.28.

第6章 食品流通2（小売）

あった単身世帯や消費者の生活スタイルの変化に合致したものであった。

コンビニの拡大は中小小売店の経営近代化をもたらしたが，一方では大規模小売店舗法（大店法）[8]により大型店開発を規制された総合スーパー各社の業態開発として発展してきた面がある。例えば，セブン-イレブンはイトーヨーカ堂，ローソンはダイエー，ファミリーマートは西友をそれぞれ経営の母体としていた。このため，大店法が施行された1974年はコンビニ元年と言われている。

コンビニでは，100㎡の売場面積におよそ3,000アイテムの商品が陳列されているが，販売効率を上げるためには徹底した商品管理，すなわち売れ筋商品[9]と死に筋商品をいかに選別するかが重要になる。これら商品管理においては，1980年代より導入の進んだ「販売時点情報管理（Point Of Sales：POS）レジ」とともに高度な情報通信システムの果たした役割が大きい。POSレジを経由して「どこで・どんな客が・いつ・何を買ったのか」の情報が店舗から本部に送信され，本部ではこれらデータの分析によって「どこで・いつ・何が売れるか」を店舗に提案できる体制である[10]。

同時に，コンビニでは商品を必要とするタイミングで店舗に配送する物流システムが重要となる。なぜなら，コンビニには在庫を保管するスペースはほとんどないため，販売状況に応じて「多頻度小口配送」によって届ける必要があるからである。また，配送はチルド（摂氏0℃前後の冷蔵）や常温といった温度帯別商品別に行われるが，可能な限り店舗と配送拠点が接近しているのが理想的である。そのため，コンビニの出店は「集中（ドミナント）出店方式」，すなわち限定された地域に10数店舗を一斉に展開するのが一般的である。なぜなら，主力商品であるお弁当やおにぎりといったファーストフードを食品工場（ベンダー）から1時間以内に配送するためには，一定の店舗数が不可欠となるからである。また，集中出店方式では物流効率の向上とともに，地域内の

8）大型小売店の出店など，商業活動の調整を行う法律である。規制緩和の影響で2000年に廃止された。

9）販売している商品のうち，売上（または利益）の高い商品を「売れ筋商品」という。逆に，売上に貢献しない商品は「死に筋商品」と呼ばれる。

10）このようなPOSによる販売情報の管理はコンビニに限らず，スーパーも含めたチェーンオペレーション（p.59～）の核である。

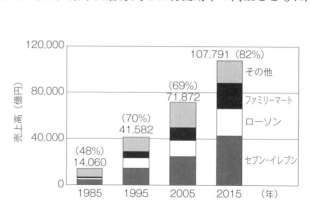

図6-8　コンビニ・チェーン上位10社の売上高
注：カッコ内は上位チェーン3社の割合を示す。
資料：日経MJ『日経トレンド情報源』などより作成．

表6-2　コンビニ各社の業績指標（2017年度）

店名	系列	店舗数（店）	全店売上高（10億円）	店舗売上高（100万円／年）	日販（千円／店舗）	日来客数*（人／店舗）
1　セブン-イレブン	セブン&アイHD	20,260	4,678	230.9	633	1,053
2　ファミリーマート	ユニー・ファミマ	17,232	3,204	185.9	509	914
3　ローソン	三菱商事	13,992	2,597	185.6	509	823
4　ミニストップ	イオン	2,264	341	150.6	413	808
6　デイリーヤマザキ	山崎製パン	1,553	188	121.1	332	—
7　セイコーマート	独立系	1,190	181	152.1	417	—
8　NEWDAYS	JR東日本	497	102	205.2	562	1,552
9　スリーエフ	独立系	291	57	195.9	537	736
10　ポプラ・生活彩花	独立系	461	51	110.6	303	635

＊：2014年数値である。

資料：日経MJ『17年度コンビニ調査』より抜粋.

チェーン認知度の向上による来客増加も期待できる。

　人口減少に入ったわが国において小売店舗数はすでに飽和状態であるが，コンビニでは上位チェーンへの集中化が進行するととともに，ドラッグストアなど他業態との競争が更に激化している（図6-8）。

5　チェーンオペレーションとは

　これまで見たスーパーやコンビニの急拡大の背景には「チェーンオペレーション」といった経営面での革新があったことも大きい。チェーンオペレーションとは，店舗や品揃え，業務といった各方面での標準化を前提に，本部が店舗（支店）を一元的に管理する経営形態であり，これによって経営の効率化とともに規模の経済性を実現するシステムである。チェーンオペレーションでは，それまで店舗別に行っていた仕入れと販売の機能を分離し，本部が集中して一括で仕入れ，それらの販売を店舗が分担する。また，店舗や設備についても本部での標準化により間接的費用を削減している。

　同時に，本部と店舗の業務分担として，本部では店舗指導や広告などの専門性とともに加工技術など熟練を要する部署には人員を正社員として配置し，店舗にはマニュアルでの作業の標準化が容易な販売や接客などを行うパート・アルバイトといった人材を活用することにより，チェーン全体の人件費の圧縮と店舗での長時間営業が可能になっている。

●演習課題

表6-3　小売業売上高ランキング

	1960年	1970年	1985年	1995年	2005年	2015年
第1位	三越	三越	ダイエー	ダイエー	イオン	イオン
第2位	大丸	大丸	イトーヨーカ堂	イトーヨーカ堂	セブン&アイHD	セブン&アイHD
第3位	高島屋	高島屋	西友	ジャスコ	ダイエー	ファーストリテイリング
第4位	松坂屋	ダイエー	ジャスコ	マイカル	ヤマダ電機	ヤマダ電機
第5位	東横	西友	ニチイ	西友	ユニー	三越伊勢丹HD

注：2005年より連結決算ベースの順位である。

資料：日本経済新聞社『流通経済の手引』『日経MJトレンド情報源』各年.

課題1：表6-3の小売業売上高ランキングの推移から，各小売業態の隆盛や合併・統合を確認しよう。

課題2：対面販売とセルフサービスについて，消費者及び小売店のそれぞれのメリットとデメリットを考えてみよう。

課題3：スーパーとコンビニで発生する「ロス」とはどのようなものか考えてみよう。

コラム　買い物弱者と買い物コスト

　日常的な食料品の買い物で不便や苦労を感じる住民が年々増加している。これらの住民は一般に「買い物弱者」と呼ばれるが，これまで近隣にあったスーパーなどが廃業・閉店したことによって，より遠くの店舗までの買い物を強いられる状況によって生じる。特に，自動車などの移動手段を持たない高齢者にとっては深刻であり，生鮮食品などバランスの良い食料品が購入できないことにより健康問題を引き起こす可能性も指摘されている。このような買い物弱者は2015年に全国で825万人，全高齢者人口の25％を占めると推計されている。これらの人口は2005年から21.6％増加しており，中でも75歳以上の高齢者の増加が著しく，超高齢社会にあるわが国の重要な課題となりつつある。

　買い物弱者の増加は買い物コストの点からも説明できる。買い物コストとは，支払った商品の代金以外に買い物に要する費用であり，① 金銭での支出（店舗までの運賃などの移動費用など），② 買い物にかかる時間（情報収集に要する時間など），③ 心理的・肉体的苦痛（混雑による疲労など）から成る。消費者のおかれた社会経済状況や情報量などによって買い物コストは異なるが，買い物弱者にとっては時間や移動コストが大幅に増加しているのである。

7 外食産業

サマリー

それまでのそば屋やラーメン屋，喫茶店など限られた外食から，その時の気分や経済状況に応じて多種多様な業態から外食のお店を選ぶことができるようになったのはそれほど昔のことではない。本章では，「外食産業」と呼ばれる，外食の成り立ちと仕組みを学んでいく。

1 外食，中食，内食とは

　外食産業を学ぶにあたって，外食を含めた食事形態について考えてみたい。外食とは，専門の調理人が調理した食事をレストランなど外食店で食べる食事形態である。すなわち，外食とは単に食事するだけではなく，食事に一定のサービスが付加されている点が外食の特徴と言える。顧客にとって，外食は食事とともに空間や時間が作り出すサービスを消費することである。そのため，外食は調理といった製造業であり，食事やメニューを販売する小売業であり，接客や飲食場所の提供といったサービス業の側面を備えている。

　一方，家族が調理した食事を家庭で食べる場合は「内食」（うちしょく）と呼ばれる。家族以外の専門の調理人によって調理されたものを，家庭内外で食べることは「中食」（なかしょく）と言う。具体的には，調理されたおにぎりやお弁当といった米飯類，サンドイッチなどの調理パンや調理麺，サラダなどのお総菜を購入し，そのまま家庭や職場などで喫食する食事形態である（表7-1）。すなわち，外食も中食も調理の外部化であるが，どこで食べるかによって異なり，外食からサービスを除いたものが中食となる。これまで見た小売との関連では，スーパーが内食及び中食の，コンビニが中食の主な担い手と見なすことができる。なお，中食については第8章（p.69〜）で詳しく見ていきたい。

第7章　外食産業

表7-1　内食・中食・外食の区分

	内食	中食		外食
調理人	家族	家族以外（専門の調理人）		
調理場所	家庭内	家庭外		
喫食場所	家庭内または家庭外（弁当）	家庭内	家庭外	
			調理場所以外	調理場所と同じ
例	食材を購入し、家庭で調理し家庭で食べる	スーパーで惣菜を買い、家庭で食べる	コンビニで弁当を買って職場で食べる	レストランで食事する

2　マクロレベルで見た食の外部化

　はじめに，わが国の外食のおかれた状況をマクロレベルから見ると，食料消費支出のうち外食に向けられた割合（外食率）は年々上昇し，1996年には39.7％に達している（図7-1）が，その後は低下傾向が続き，外食率は2015年に34.9％の水準に減少している。しかし，外食率に中食の割合も加えた「食の外部化率」はほぼ一貫して上昇し，2015年で43.9％となっていることがわかる。つまり，食の外部化を支えているのは中食であり，中食主導で食の外部化が進行しているのである。

　第2章（p.18）で学んだように食の外部化は家計消費からも確認できる。総務省「家計調査」から食費に占める外食の割合（外食率），及び外食に調理食

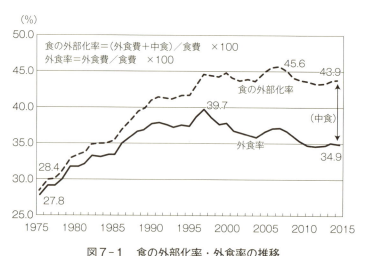

図7-1　食の外部化率・外食率の推移
資料：食の安全・安心財団『外食産業市場規模推計』．

図7-2 家計調査から見た外部化率・外食率の推移
注：カッコ内は世帯人員数である。
資料：総務庁『家計調査』.

品（ほぼ中食に相当）を加えた割合（食の外部化率）を見ると，2人以上世帯では外食率は頭打ちにあるものの，食の外部化率は一貫して上昇傾向にあることがわかる（図7-2）。

一方，単身世帯では外食率及び食の外部化率はどちらも2人以上世帯より高水準であるが，いずれも低下していることが示されている。両者の差である中食の占める割合はどちらの世帯でも拡大しており，家計レベルにおいても中食が着実に浸透していることがわかる。すなわち，食の外部化とは内食から中食へのシフトであり，生鮮食品などの食材から調理食品への代替を意味している。

③ 外食産業の市場規模・動向

ここで外食産業の市場規模を確認しておこう。日本フードサービス協会によると，2015年における外食産業の市場規模は25.4兆円となっている（図7-3）。このうち，最も大きい部門はレストランなどを含んだ飲食店等あり，全体の66％を占め，16.9兆円の規模となっている。一方，外食産業には含まれないものの中食を示す料理品小売業は6.6兆円であり，これらに外食を加えた食の外部化全体，すなわち中食及び外食産業の市場規模は32兆円である。これは，第6章（p.52）で先に見た2014年の食料品スーパー（15.4兆円）及びコンビニ（6.5兆円）の合計を上回る規模となっている。

わが国の外食産業は1970年大阪万博での出店を起点としているが[1]，前年の飲食業の資本自由化により日本進出したアメリカ系ハンバーガーチェーンの影

1）本章コラム（p.68）を参照。

第7章　外食産業

図7-3　外食産業の市場規模推移
資料：(一社) 日本フードサービス協会による推計値より作成.

響が大きい．それ以前の外食と言えば，そば屋，洋食屋，喫茶店といった家族経営の小規模な飲食店や食堂が大半であった．1970年以降，これら外食にチェーンオペレーションが普及するとともにセントラルキッチンの導入が進み，これらの経営近代化をきっかけに企業化が一気に進行したことで，1980年代には「外食産業」と呼ばれる規模にまで成長したのである．

外食産業の成立には，需要面，すなわち顧客となる消費者のニーズに支えられた面も大きい．高度経済成長は，所得水準の増加による外食ニーズの高まりをもたらし，食事を含めた食料消費全体の簡便化とともに外部化指向といった消費者のライフスタイルの大きな変化が外食産業の拡大を支えたのである．

次に，これら外食産業の動向を確認すると，外食産業全体の売上高は1975年の統計開始以降，一貫して増加し1997年には3倍の29.1兆円に拡大しているが，その後は景気後退による消費低迷やデフレ要因による低価格化から2011年には22.8兆円に落ち込んでいる．その後，徐々に回復しつつあり，2017年には25.7兆円となっている．

ここでチェーンレストランの業態別の動向を確認すると，店舗数は若干の変動はあるものの拡大傾向にあることがわかる（図7-4）．また，店舗当たり売上を見ると1995年までは増加基調であったが，その後の景気後退の影響を受け，ファミリーレストランが大きく減少し，ファーストフードでは横ばい傾向にある．一方で，同期間にファミリーレストランでは店舗数が増加していることから，低価格業態の出店が進行したと見られる．

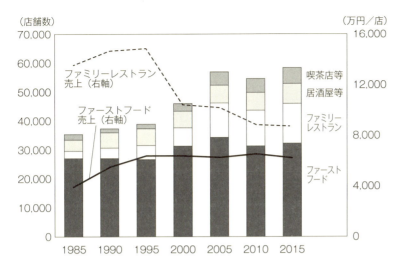

図7-4 外食チェーン業態別店舗数・店舗売上の推移
資料：(一社) 日本フランチャイズチェーン協会『JFAフランチャイズチェーン統計調査』．

4 外食産業の拡大を支えたもの

　外食産業の拡大を供給面で支えたのは「セントラルキッチン」とともに，店舗運営の「マニュアル化」，経営面では「フランチャイズ方式」によるチェーンオペレーションによる多店舗化である。

　セントラルキッチンとは，店舗での調理作業を分業化して工場とも言えるセントラルキッチンで集中的に調理するシステムである。セントラルキッチンでは，食材を一括して仕入れ，洗浄，皮むき，カットといった一次加工を行うとともに，一部は加熱までの二次加工を経て，それら食材を各店舗でマニュアルに従って調理・仕上げを行うシステムである（図7-5）。

　それまでの外食は，各店舗単位で食材を仕入れた後，一定の技術を持った調理人が仕込みから調理を行っていた。セントラルキッチンの導入により，店舗ではこれら業務から解放され，アルバイトやパートによる調理・仕上げによって一定の品質の料理が提供できるようになった。同時に，セントラルキッチンでの集中調理は，調理人の人件費とともに食材ロスや水道光熱費といったコスト低減の他，店舗の厨房を最小化するメリットをもたらした[2]。

　フランチャイズ方式（franchise chain：FC）とは，先に見たチェーンオペレーションにおける本部と店舗のひとつの契約形態である。フランチャイズ方式では，本部が加盟店舗にブランドなどの商標（ブランド）とともに，セントラルキッチンを含めた店舗運営のノウハウを提供し，加盟店舗は売上や利益に応じ

[2] さらに，仕様書発注ではセントラルキッチンそのものを外注し，各メニューのレシピを食品メーカーに発注することによって，一次加工された食材を各店舗に配送する仕組みが確立されている。

第7章 外食産業

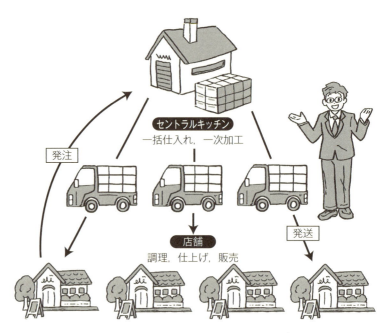

図7-5 セントラルキッチン・イメージ図

た分担金としてロイヤルティを本部に支払う。これより外食について何のノウハウを持たない個人や企業でも店舗運営が可能になり、外食産業が急拡大したのである。

2015年における外食企業の売上高第1位は「すき家」「なか卯」「ココス」といった多業態を展開するゼンショー・ホールディングスであり、5,467億円と

表7-2 飲食業総売上高ランキング（2015年）

順位	社名	主な店舗名	総売上（億円）
1	ゼンショーHD	すき家, なか卯, ココス, 華屋与兵衛, 他	5,467
2	すかいらーくグループ	ガスト, バーミヤン, 夢庵, 他	3,511
3	コロワイド	甘太郎, 北海道, 牛角, 温野菜, 他	2,488
4	日清医療食品	事業所給食, 他	2,194
5	日本マクドナルドHD	マクドナルド	1,895
6	吉野屋HD	吉野家, はなまる, 京樽	1,857
7	エームサービス	事業所給食, 他	1,663
8	シダックス	事業所給食, シダックス	1,581
9	プレナス	やよい軒, ほっともっと	1,458
10	モンテローザ	白木屋, 魚民, 笑笑, 山内農場	1,425

資料：日経MJ『2015年飲食業総合調査』他.

なっている(表7-2)。次いで「ガスト」「バーミヤン」などを展開するすかいらーくグループ(3,511億円),「甘太郎」「北海道」などを展開するコロワイド(2,488億円),また病院給食や事業所給食を専門とする日清医療食品も上位を占めている。これら外食企業の大きな特徴は,複数の業態やブランドを展開しており,多業態化によって共通の食材の調達から加工・提供に至る規模の経済性が追求されている点である。

◆**演習課題**

課題1:自分の知っているチェーン店が,どのような会社によって運営されているのか調べてみよう。

課題2:1つの企業グループが複数の業態の店舗を運営することのメリットを考えてみよう。

課題3:食堂と外食産業の違いはどこにあるのだろうか。

第7章　外食産業

> **コラム　外食産業の夜明け**

　現在のように発達した外食産業がいつから始まったかを探っていくと，1970年にたどり着く（このため，1970年は外食元年とも言われる）。ファミリーレストランでは，すかいらーく（1号店1970年東京都府中市），ロイヤルホスト（同1971年北九州市），ファーストフードでは，ケンタッキー・フライド・チキン（同1970年名古屋市），マクドナルド（同1971年東京銀座）など名だたるチェーンレストランの1号店がこの時期に集中しているからである。そして，このわが国の高度経済成長真っ只中の時期に行われた大きなイベントが1970年の大阪での万国博覧会であった。

　大阪万博が外食産業の発展に果たした役割は大きい。そこでは，ロイヤル（ロイヤルホストなどを運営する現在のロイヤルホールディングス）が，アメリカゾーンにカフェテリア，レストランなど4店舗を出店した。当初そこにはアメリカのハワード・ジョンソン社が出店予定であったが，採算がとれないとして辞退したため，その後を引き継いだのである。ロイヤルは当時立ち上げたばかりのセントラルキッチンの機能を試す絶好の機会であると引き受けたのであった。採算がとれる見通しはなかったが，赤字は将来の産業化に向けた授業料と思えばよいと考えたとロイヤル創業者の江頭匡一氏は述べている[*1]。1969年に福岡市に完成したセントラルキッチンから大阪まで冷凍加工した料理を毎日運ぶという方式が大きな威力を発揮し，採算ラインを大きく超える売上げを記録して大成功となった[*2]。

　実は，ロイヤルが大阪万博で運営した4店舗のなかにはケンタッキー・フライド・チキン（KFC）・インターナショナルの実験店舗も含まれていた。この実験店舗も大成功を収め，同年に三菱商事㈱とKFCコーポレーションにより，日本ケンタッキー・フライド・チキン㈱が設立されたのであった[*3]。

　このように1970年は外食産業発展の画期となったのだが，それまでの飲食店とはどのような点が異なっていたのであろうか。この点について，すかいらーくの創業者の一人である横川竟氏は，「『気楽な楽しいレストラン』を作ろうとしてすかいらーくを始めた。レストランと食堂は異なり，ファーストフードも含め食事をするところが食堂（いわば必需品），楽しむところがレストラン（必需品ではない）と考えている。外食は今までにない価値を創造したことによって企業になり，産業になれた」と語っている[*4]。

　*1　江頭匡一『私の履歴書⑰』日本経済新聞，1999年5月．
　*2　江頭匡一『私の履歴書⑭』日本経済新聞，1999年5月．
　*3　三菱商事ホームページ．
　*4　テレビ東京「カンブリア宮殿」2018年5月17日放送．

8 中食産業

サマリー

若い人から高齢者まで中食を利用する人が増えている。このような中食を支えている産業（中食産業）は食品小売業，食品製造業，飲食サービス業といった多くの業種にまたがっている。本章では，消費者にとっての中食の広がりを見た後，これらの産業と中食の関わりを順に見てゆく。その中で中食関連業種の成長と業種としての特徴を明らかにする。最後にアメリカで近年言われているミール・ソリューションについてふれる。

1 中食産業とは

中食の特徴を一言で言うならば，内食や外食と違って食の生産と消費の場所が異なることである。そのキーワードは「持ち帰り」である[1]。ただし，この定義だけでは家庭で朝に作った弁当を学校で食べるのは中食かという問題が生じる。そこで，中食は家庭外の人によって調理された料理に代金を支払うもの，言い換えれば商業的に販売されているものを購入することに限定すべきであろう[2]。

本章では，このような中食を支えている産業を「中食産業」と呼ぶこととする。中食産業は，食品小売業，食品製造業，飲食サービス業[3]にまたがっている。具体的には，食品流通業のうち料理品の販売に関わっている業態，食品製造業のうち料理品を製造している業種，飲食サービス業のうち持ち帰り，あるいは配達を行う業種などである。

日本フードサービス協会の推計によると，中食の市場規模は，外食産業がピークを迎え，その後減少が始まった1997年以降も増加を続け，1997年の4兆3千億円から2017年の7兆7千億円まで，2008年に減少した以外は毎年増加を続けてきた。この期間の年平均増加率は3.0％であった（表8-1）。

それでは，これらの中食産業が提供する商品にはどのようなものがあるので

---

1) ピザの宅配は持ち帰りではないが，食の生産と消費の場所が異なるため中食である。

2) 同様のことは外食にも言える。家族で山にバーベキューに行くのは外食とは言えないだろう。したがって，家庭内で，家族により調理されたものの場合はどこで調理し，どこで食べようと内食とすべきであろう。

3) 現行の標準産業分類では，「飲食サービス業」の中に「飲食店」と「持ち帰り・配達飲食サービス業」がある。

表8-1　料理品小売業の市場規模

(10億円, %)

年	金額	対前年増加率	年	金額	対前年増加率
1997	4,300	7.9	2008	6,078	-2.2
1998	5,080	18.1	2009	6,086	0.1
1999	5,570	9.6	2010	6,208	2.0
2000	5,659	1.6	2011	6,298	1.4
2001	5,778	2.1	2012	6,465	2.7
2002	5,807	0.5	2013	6,493	0.4
2003	5,873	1.1	2014	6,773	4.3
2004	5,931	1.0	2015	7,138	5.4
2005	6,106	2.9	2016	7,544	5.7
2006	6,186	1.3	2017	7,704	2.1
2007	6,217	0.5	1997～2017年平均増加率3.0%		

資料：日本フードサービス協会『外食産業市場規模推計』2018.

あろうか。ここでは一般社団法人日本惣菜協会が惣菜市場を調査するために用いている惣菜の定義を採用しよう。これによれば，家庭外で調理・加工された食品を家庭や職場・学校・屋外などに持ち帰ってすぐに食べられる，日持ちのしない調理済食品としている。したがって，持ち帰った後の調理加熱が不要のものに限定され，調理冷凍食品やレトルト食品などは対象外となる。ただし，比較的保存性が高い袋物惣菜は対象としている（表8-2）。

この定義に基づき，具体的な対象商品のカテゴリーをあげると，米飯類，調理パン，調

表8-2　日本惣菜協会による惣菜の定義と対象商品

定義
　　市販の弁当や惣菜など，家庭外で調理・加工された食品を家庭や職場・学校・屋外などに持ち帰ってすぐに（調理加熱することなく）食べられる，日持ちのしない調理済食品。ただし，比較的保存性が高い袋物惣菜は対象とし，調理冷凍食品やレトルト食品などは，対象外
対象商品
　米飯類
　　弁当，おにぎり，寿司等
　調理パン
　　サンドイッチ等
　調理麺
　　調理済やきそば，うどん，割りこそば，スパゲティ等
　一般惣菜
　　和・洋・中華惣菜，煮物，焼き物，炒め物，揚げ物，蒸し物，和え物，酢の物，サラダ等
　袋物惣菜
　　パウチ入りポテトサラダ等のサラダ，肉じゃが，鯖の味噌煮等

資料：日本惣菜協会『2018年版惣菜白書』2018.

理麺，一般惣菜，袋物惣菜となる（具体的な商品例は表8-2参照）。

中食に関する以上の準備のもとで，消費者，食品小売業，食品製造業，飲食サービス業にとって中食がどのような位置づけにあるのかを順番に検討しよう。

2 消費者にとっての中食

消費者にとっての中食の位置づけを検討するための統計資料としては総務省統計局の家計調査がある。家計調査の調査品目のうち「主食的調理食品」には，弁当，おにぎり，調理パンなどが含まれ，まず中食商品と考えてよい。しかし，「他の調理食品」には冷凍調理食品など，加熱調理を要するものが含まれるので，全てが中食商品とは限らない。ただし，ここでは「他の調理食品」も中食商品と考えて大まかな傾向を見よう。

明らかなのは，2人以上世帯，単身世帯ともに食料支出に占める調理食品への支出割合が大幅に上昇していることである（図8-1）。また，調理食品への支出割合は，2人以上世帯，単身世帯とも若年世帯で上昇していることに加えて，65歳以上の高齢世帯での上昇が大きい。特に，単身の65歳以上の男性の支出割合は17年間で12.4％から18.2％に大きく上昇している。

このような中食の増加には，次のような背景がある。

① **女性の社会進出**

既婚女性の就業状況が各年齢階層で上昇しており，賃金率の上昇と相まって，家庭で調理するよりも簡便な中食商品の購入を後押ししている。実際，専業主婦世帯よりも共働き世帯のほうが調理食品への支出割合は高い[4]。

4) ただし，共働き世帯と専業主婦世帯の食生活の違いは，時間とともに小さくなってきており，現在ではほとんどなくなってきている。その理由は，そもそも専業主婦世帯の存在がきわめて限定的になってきているからである。両世帯を取り出し家計の比較をする意味は薄れてきているとの指摘もある。時子山ひろみ『安全で良質な食生活を手に入れるフードシステム入門』放送大学叢書，2012，pp.117-118を参照。

図8-1　食料支出に占める調理食品への支出割合
資料：総務省統計局『2000年家計調査』2001，『2017年家計調査』2018.

第8章　中食産業

②　平均世帯人数の減少と単身世帯の増加

平均世帯人数の減少はいわば1人当たりの食の生産コストの上昇を意味する[5]。つまり，4人の家族の食事の準備をするよりも2人の食事の準備をするほうが1人当たりの手間がかかるということである。単身世帯になると，1人分の食事の準備をするくらいなら店で弁当や惣菜を購入したほうが経済的ということが生じ得る。

③　個食化，孤食化の進展

2人以上世帯でも1人で食べる孤食，家族と違う食事をする個食が増えている。このような場合も単身世帯の場合と同様，1人分の食事を準備する手間と時間を考えると，中食に依存するほうが経済的であり楽である。

農林水産政策研究所の食料消費の将来推計では，全世帯の調理食品への支出割合は，2010年の12.2％から2035年には18.0％に拡大するなど，食の外部化，中食の進展を見込んでいる（図8-2）。そしてこの調理食品への支出割合の上昇は2人以上世帯，単身世帯とも世帯主65歳以上の高齢世帯でも大きく見込まれている。

消費者が中食商品を多く購入するようになったのは，上記のような状況を背景に食の簡便化が進んだのが大きな理由であるが，一方，それだけが理由とも言い切れない。図8-3は，農畜産業振興機構が2016年に野菜を使用した惣菜を購入している20〜70歳の男女（計1,500サンプル）を対象に行ったWeb調査の結果であり，単身の男性，女性，共働き女性，専業主婦別に惣菜を購入する理由を示している。まず，共働き女性，専業主婦は共通して「忙しいとき」が第1位であり，食事準備の簡便化が主要な要因であることを示している。また，単身の男性，女性とも「手頃な惣菜があるとき」「好きな惣菜があるとき」が共働き女性や専業主婦よりも多い。特徴的

5）家庭において食事の準備をすることは食の家庭内生産であり，生産の経済学における規模の経済（p.35の側注3を参照）の考え方を適用することが可能である。

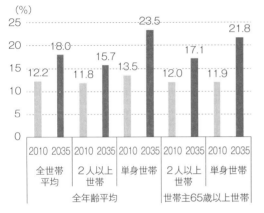

図8-2　調理食品への支出割合の将来推計
資料：農林水産政策研究所『人口減少局面における食料消費の将来推計』2014.

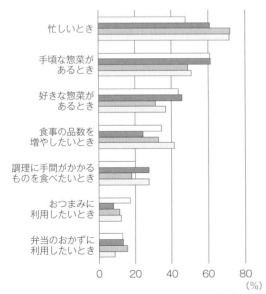

図8-3　惣菜の購入理由
資料：農畜産業振興機構『野菜の情報』2016.

なのは，専業主婦の惣菜購入の理由として「食事の品数を増やしたいとき」が多いことである。また，専業主婦，単身女性ともに「調理に手間がかかるものを食べたいとき」の割合が他よりも多い。つまり，専業主婦などでは，食事をまるごと中食に依存するのではなく，一品増やしたり，普段食べられないものを食べるために購入するというのも理由のひとつとなっていると言える。

3 食品小売業から見た中食

消費者に最も近い存在である食品小売業にとって中食がどのような位置づけにあるのかを見よう。表8-3は，食料品小売店の業態ごとの惣菜の販売金額の推移を示している。これを見ると，2017年の惣菜の市場規模は10.1兆円に達している。そのうち最も多いのが「コンビニエンスストア」3.2兆円，次いで「専門店など」2.9兆円，そして「食料品スーパー」2.6兆円となっており，これら三者で惣菜市場規模の9割弱を占める。そして2008年の規模と比較すると，

表8-3 惣菜市場規模の動向

(10億円，%)

	専門店など	百貨店	総合スーパー	食料品スーパー	コンビニエンスストア	合計
2008	2,864 (34.9)	409 (5.0)	911 (11.1)	1,935 (23.6)	2,096 (25.5)	8,216 (100.0)
2009	2,779 (34.5)	377 (4.7)	895 (11.1)	1,953 (24.3)	2,049 (25.4)	8,054 (100.0)
2010	2,780 (34.2)	363 (4.5)	894 (11.0)	1,979 (24.4)	2,108 (25.9)	8,124 (100.0)
2011	2,816 (33.7)	369 (4.4)	910 (10.9)	2,034 (24.3)	2,229 (26.7)	8,358 (100.0)
2012	2,851 (32.7)	373 (4.3)	925 (10.6)	2,105 (24.2)	2,461 (28.2)	8,713 (100.0)
2013	2,864 (32.2)	372 (4.2)	923 (10.4)	2,160 (24.3)	2,578 (29.0)	8,896 (100.0)
2014	2,879 (31.1)	370 (4.0)	920 (9.9)	2,299 (24.8)	2,793 (30.2)	9,260 (100.0)
2015	2,876 (30.0)	371 (3.9)	917 (9.6)	2,453 (25.6)	2,964 (30.9)	9,581 (100.0)
2016	2,902 (29.5)	367 (3.7)	915 (9.3)	2,542 (25.8)	3,113 (31.6)	9,840 (100.0)
2017	2,920 (29.0)	364 (3.6)	921 (9.2)	2,621 (26.1)	3,229 (32.1)	10,056 (100.0)
2017/2008	1.02倍	0.89倍	1.01倍	1.35倍	1.54倍	1.22倍

資料：日本惣菜協会『2018年版惣菜白書』2018.

コンビニエンスストアが1.54倍，食料品スーパーが1.35倍と大きく伸びており，これらが中食の供給主体として存在感を増しつつある。このような中で専門店など，百貨店，総合スーパーはシェアを低下させてきた。一方，2017年の中食商品の市場規模10.1兆円の各カテゴリー別内訳を見ると，米飯類が5.0兆円（49.6％），一般惣菜が3.4兆円（33.9％）と，これらで8割以上を占める（表8-4）。

その中食商品のカテゴリー別に，その販売がどの業態によって主として担われているかを見ると，最も市場規模の大きい米飯類は専門店などが最も多く，次いでコンビニエンスストア，食料品スーパーの順となっており，この三者で9割以上を占める。また，一般惣菜は食料品スーパーと専門店などが多い。一方，調理パンの4分の3，調理麺，袋物惣菜の3分の2がコンビニエンスストアによって販売されている。

このように，業態によってカテゴリーに偏りがあり，これらカテゴリー別の業態別販売割合を惣菜全体の販売割合と比較すると，コンビニエンスストアは他の業態に比べて，調理パン，調理麺，袋物惣菜に特化しており，専門店などは米飯類に，総合スーパーと食料品スーパーは一般惣菜に特化していると言える。

表8-4 各カテゴリーの業態別販売割合（2017年）

(10億円，％)

	専門店など	百貨店	総合スーパー	食料品スーパー	コンビニエンスストア	合計	
米飯類	1,999 (40.1)	5.3 (0.1)	384 (7.7)	1,015 (20.3)	1,587 (31.8)	4,990 (100.0)	(49.6)
調理パン	13 (2.8)	0.7 (0.1)	20 (4.3)	77 (16.2)	364 (76.6)	476 (100.0)	(4.7)
調理麺	49 (9.9)	0.2 (0.0)	32 (6.4)	71 (14.4)	344 (69.3)	497 (100.0)	(4.9)
一般惣菜	1,185 (34.7)	6.5 (0.2)	429 (12.6)	1,314 (38.5)	476 (13.9)	3,410 (100.0)	(33.9)
袋物惣菜	25 (3.6)	0.6 (0.1)	57 (8.3)	143 (20.9)	458 (67.0)	683 (100.0)	(6.8)
合計	3,272 (32.5)	13.2 (0.1)	921 (9.2)	2,621 (26.1)	3,229 (32.1)	10,056 (100.0)	(100.0)

資料：日本惣菜協会『2018年版惣菜白書』2018.

食品製造業，飲食サービス業から見た中食

中食商品の販売から遡って，中食商品の製造の状況について見てみよう。この部分には2つの産業が関連する。1つは食品製造業であり，他は飲食サービス業である。これらの違いは，飲食料品を見込みで製造するか，顧客の注文に

4 食品製造業，飲食サービス業から見た中食

応じて調理するかの違いである。例えばコンビニエンスストアで販売されている弁当やサンドイッチは，見込みで製造され作り置きされたものであるから，これらの製造が行われるのは食品製造業であり，産業細分類では「総菜製造業」と「すし・弁当・調理パン製造業」である。一方，弁当専門店の中で客の注文を受けて店舗内で調理し，販売する店舗は飲食サービス業の中の「持ち帰り飲食サービス業」に，また，顧客の注文を受けてピザを調理し，配達する宅配ピザ屋は「配達飲食サービス業」に分類される。3節で述べた日本惣菜協会の惣菜の市場規模には持ち帰りや配達の飲食サービス業も含まれる。

さて，これらの業種の売上金額と付加価値額[6]，そして付加価値率を整理したのが表8-5である。資料は総務省統計局の「経済センサス活動調査」の結果であるが，この調査はまだ2012年，2016年の2回しか行われていないので，この4年間の変化を見よう。なお，この表には，参考としてやはり簡便化商品の生産業種である冷凍調理食品製造業，レトルト食品製造業，そして飲食サービス業の中の飲食店も加えてある。

まず，売上金額であるが，総菜製造業，すし・弁当・調理パン製造業の売上金額が食品製造業に占める割合は2〜4％であり，それほど高くはない。しか

6) 付加価値額については p.35の側注4を参照。

表8-5 中食関連業種の売上金額などの変化

(10億円，％)

	売上金額		変化率	付加価値額		変化率	変化額	付加価値率	
	2012	2016		2012	2016			2012	2016
食品製造業	34,458 (100.0)	41,686 (100.0)	21.0	5,682 (100.0)	6,644 (100.0)	16.9	962 (100.0)	16.5	15.9
そう（惣）菜製造業	827 (2.4)	1,037 (2.5)	25.3	164 (2.9)	250 (3.8)	52.0	86 (8.9)	19.9	24.1
すし・弁当・調理パン製造業	1,092 (3.2)	1,649 (4.0)	50.9	230 (4.0)	359 (5.4)	56.3	129 (13.4)	21.0	21.8
冷凍調理食品製造業	876 (2.5)	1,119 (2.7)	27.7	184 (3.2)	216 (3.2)	17.1	31 (3.3)	21.0	19.3
レトルト食品製造業	160 (0.5)	166 (0.4)	3.9	35 (0.6)	33 (0.5)	−4.6	−2 (−0.2)	21.7	19.9
飲食サービス業	14,434 (100.0)	17,976 (100.0)	24.5	6,266 (100.0)	8,004 (100.0)	27.7	1,738 (100.0)	43.4	44.5
飲食店	12,361 (85.6)	15,675 (87.2)	26.8	5,441 (86.8)	6,894 (86.1)	26.7	1,453 (83.6)	44.0	44.0
持ち帰り・配達飲食サービス業	2,072 (14.4)	2,271 (12.6)	9.6	825 (13.2)	1,096 (13.7)	32.8	271 (15.6)	39.8	48.3
持ち帰り飲食サービス業	325 (2.3)	378 (2.1)	16.3	117 (1.9)	143 (1.8)	22.3	26 (1.5)	36.1	37.9
配達飲食サービス業	1,747 (12.1)	1,893 (10.5)	8.3	700 (11.2)	934 (11.7)	33.5	235 (13.5)	40.0	49.3
食品製造業＋飲食サービス業	48,892	59,661	22.0	11,948	14,648		2,701	24.4	24.6
中食関連業種	3,992	4,957	24.2	1,219	1,705		486	30.5	34.4
中食関連業種の割合	8.2	8.3		10.2	11.6		18.0		

注：中食関連業種は，「惣菜製造業」，「すし・弁当・調理パン製造業」，「持ち帰り・配達飲食サービス」の合計。付加価値率は付加価値額／売上金額×100により算出。

資料：総務省統計局『平成24年経済センサス活動調査』2014，『平成28年経済センサス活動調査』2018．

し，変化率はそれぞれ25.3％，50.9％と食品製造業の平均21.0％を大きく上回っている。飲食サービス業で見ると，売上金額が最も大きいのは飲食店であるが，持ち帰り・配達飲食サービス業も12～14％を占める。特に配達飲食サービスの割合が10～12％と大きい。

産業の生産活動の成果として意味があるのは，売上金額よりもむしろ付加価値額である。食品製造業の中食関連業種の付加価値額の変化率は付加価値率が上昇しているため，売上金額の変化率よりも大きい。特に，2012年から2016年までの4年間の食品製造業の付加価値額の増加額9,620億円のうち，総菜製造業とすし・弁当・調理パン製造業の付加価値増加額は2,150億円であったから，食品製造業の付加価値額の増加の22.3％を占めていたことになる。これらの業種の50％を超える付加価値増加率は，同じ簡便化食品である冷凍調理食品製造業やレトルト食品製造業の増加率を大きく上回る（この間レトルト食品製造業は付加価値率低下によりわずかに減少した）。

一方，飲食サービス業についても，売上金額ではそれほど増加率は高くなかったが，付加価値率の上昇などにより持ち帰り・配達飲食サービス業の付加価値額の増加率は32.8％となっており，飲食店の増加率26.7％を大きく上回っている。つまり，この期間の食品製造業及び飲食サービス業の成長はこれらの中食関連業種によってけん引されていたと言える。

しかし，多くの付加価値を生み出している中食関連業種にも課題はある。図8－4は中食関連業種のうちすし・弁当・調理パン製造業を例にとって，その構造を食品製造業の平均と比較したものである。事業所数割合を見ると，食品製造業の平均と比べて従業員規模が29人までの事業所割合が少なく，50人以上の事業所割合が多い。つまり従業員規模でみたすし・弁当・調理パン製造業の規模はかなり大きいと言える。この結果，食品製造業では100～199人の従業員規模の付加価値額シェアが最も大きく約20％を占めるが，すし・弁当・調理パン製造業では500～999人規模の事業所の付加価値額シェアが30％以上を占めている。このように，すし・弁当・調理パン製造業の従業員規模は大きいが，これはこの業種が生産に労働力を多く必要とし，労働集約的な業種であることを意味する。この結果，1人当たり付加価値額は，最も規模が大きい従業者1,000人以上の事業所について見ると，食品製造業平均では11.3百万円であるのに対し，すし・弁当・調理パン製造業では4.5百万円でしかない。つまり，中食関連業種は，多くの付加価値を生み出しているが，一方で多くの労働力が投入されているため，1人当たり付加価値額が他の食品製造業の業種に比べて少ないと言える。

中食商品に対する需要は大きく伸びてきており，今後も伸びると予想され

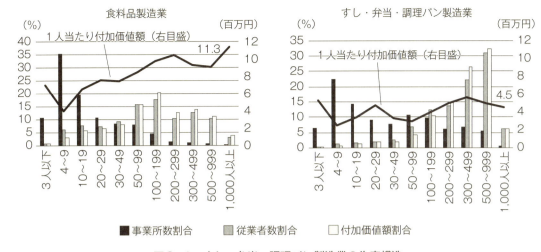

図8-4 すし・弁当・調理パン製造業の生産構造
資料：総務省統計局『平成28年経済センサス活動調査』2017.

る。一方、人口減少の中で生産年齢人口（15～64歳）も大きく減少すると見込まれており、中食の製造業や小売業、飲食サービス業などでは、より少ない労働力で多くの付加価値を生み出す生産性の向上が課題となろう。

5 ミール・ソリューション（MS）

近年コンビニエンスストアやスーパーマーケットなどで、購入した弁当や惣菜をその場で食べるスペースを設置している例（イートイン）が見られる。その場合は、購入した場所で食べるのだから外食ではないかという考えもできる。実際、ハンバーガーショップなどは自分で窓口でハンバーガーを受け取って、席に運んで食べるが、これは一般に外食と言われている。このように、中食と外食の境界にはあいまいな面がある。

ところで、日本よりも早く女性の社会進出が進んだアメリカでは、1990年代にホーム・ミール・リプレイスメント（home meal replacement：HMR）という概念が外食企業により提唱されるようになった。これは直訳すると「家庭の食の代替」である。これは、「一流のレストランが提供する料理と同様の料理を安く家庭で食べることのできる調理済みの食品」と定義づけできる[7]。料理のレベルの高さを維持しつつも、サービスや食事の場所を必要としないために、価格は安くなる。

これに対して、ホーム・ミール・ソリューション（home meal solution：HMS）という概念がスーパーマーケットの側から提唱された。直訳すると「家庭の食の解決」となる。これはHMRの出現に対抗して創出された概念である

[7] 小山周三・梅沢昌太郎（編著）『食品流通の構造変動とフードシステム』農林統計協会、2004、pp.331-349.

と言われているが,その内容は HMR と同じである。ただし,購入した食品をその場で食べることができるという特徴がある。HMR がレストランのテイクアウトであれば,HMS はスーパーのイートインである。いわば外食産業とスーパーの境界があいまいになりつつある。

HMR と HMS はともにミール・ソリューション(meal solution：MS)という概念に統合され,現在では MS が一般的に使われている。中食はこの概念の一部日本的形態であるとも言える。

アメリカの MS は,調理という家事労働なしで家庭内で食事することを目指していると言われる。日本の中食は家庭での調理の手間を節約したり,おかずを1品買い足すという使われ方をする(buy food)のに対し,MS では,デザートまで含め食事全体を購入する(buy meal)という形態になっている[8]。

8)時子山ひろみ・荏開津典生・中嶋康博『フードシステムの経済学 第5版』医歯薬出版,2015,p.149.

●演習課題
課題1：いろいろな食事形態の例をあげて,内食,中食,外食のどれに該当するか考えてみよう。
課題2：これからの中食産業の発展のためには何が必要か考えてみよう。
課題3：中食産業とコンビニエンスストアの関わりについて調べてみよう。

コラム　ミールキット

日本では,近年下ごしらえした野菜,肉,魚,調味料をセットにしたミールキットの販売が働く女性を中心に伸びている。オイシックス・ラ・大地は,2013年7月から「kit Oisix(キットオイシックス)」と呼ばれるミールキットを販売しており,購入者が1年で45％増加するなど需要が大きく伸びている。ミールキットは,調理済み食品ではないので中食ではないが,ゼロから食材を準備する必要がなく,2品の料理を20分で作れるなど簡便性がある他,働く女性を中心に需要が伸びている*。

これまで調理の簡便化としては,冷凍食品やレトルト食品,調理をしない選択として外食や中食があったが,このようなミールキットはこれらに代わるものとしてその動向が今後注目される。というのは,これを利用するメリットがいくつか考えられるからである。第1に全く調理しないことに対する罪悪感がないこと,第2に作りたてを食べられること,第3に自ら野菜を調理できること,第4に家庭での食品ロスが出にくいこと,などである。調理時間の短縮と料理をしたいという希望をいかにして両立できるかが今後のポイントであろう。

＊　東洋経済 online「時短食材キット」,急成長ビジネスの舞台裏(2017年9月8日).

9 日本の農業

サマリー

農業は，私たちが生きていくために必要な食料を生産するという重要な役割を持つ一方で，様々な厳しい環境にさらされてもいる。本章では，日本の農業をとりまく環境や農業そのものがどのように変化してきたかを学ぶ。ぜひ食生活やその変化が農業と深く結びついていることに気づいてほしい。また，新たな農業の担い手や支援について，どのような経緯でこれらが注目されるようになったか，調べることも勉強になるだろう。

1 米の比重の低下

　私たちが消費する食料は，生鮮食品であれ加工食品であれ，世界のどこかで栽培され，飼養された農産物や畜産物などからつくられる。つまり，農産物を生産する農業がなければ，私たちは生きる源である食料を得ることはできない。本章では，日本の農業がどのように変化してきたのか，どのような環境下におかれているのかについて概観したい。

　まず，日本全体で農業生産の比重がどのように変化してきたのかを確認してみよう。図9-1は，1955年から2016年までの米，野菜，畜産などの部門別にみた農業産出額の構成比である。米は，日本人の主食であるが，このグラフ上では1955年の52.0％が最も高く，その後，低下し続け，2016年には18.0％となっている。一方で，この間に割合を大きく上昇させたのは，野菜及び畜産である。それぞれ1955年の7.5％，14.0％から2016年の27.8％，34.4％と20ポイント近く上昇させている。これらの上昇については，グラフ上には表示していないが，野菜では果菜類[1]（2.5％→11.4％），葉茎菜類[2]（2.1％→12.0％），畜産においては肉用牛（1.9％→8.0％），乳用牛（2.0％→9.5％）の貢献が大きい。他にも，1955年から2016年の間に農業産出額の構成比において上昇が見られたのは，果実（4.0％→9.1％），花き（0.5％→3.8％），豚（1.5％→6.7％），鶏（5.1％→9.5％）である。こうした変化は，第2章や第3章で学んだ食生活の変化とも関連が深い。

1) 果菜とは，果実を食用にする野菜のことである。例：きゅうり，なす，トマト，ピーマン，スイートコーン，さやえんどう，えだまめなど。

2) 葉茎菜とは，葉や茎あるいは花蕾（つぼみの部分）を食用にする野菜のことである。例：はくさい，キャベツ，ほうれんそう，レタス，ブロッコリー，ねぎ，たまねぎなど。

第9章　日本の農業

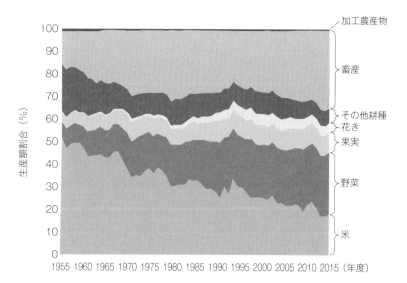

図9-1　部門別に見た農業産出額構成比の推移
資料：農林水産省『生産農業所得統計』．

消費者の食生活の変化や嗜好の多様化に対応するかたちで，国内の農業生産のかたちも変化してきたと見ることができる。

ただし，米のシェア低下や野菜・畜産などのシェア上昇が，消費者の食生活の変化とのみ結びついて引き起こされたかと言うと，それほど単純ではない。どのような部門で農業生産を行うかという農業経営者の意思決定にとって，農業政策の影響はあまりにも大きく，これを無視することはできない。そこで，上記のような国内の農業生産の変化に関連のある農業政策について簡単に振り返ってみよう。

まず，戦後，米が大幅に不足していたことから増産政策が実施された。その後，品種改良や機械化をはじめとした技術進歩による単位当たり収量（単収）の増加や稲作面積の拡大もあり，1960年代後半には豊作が続いた。これによって，日本国内での米自給が達成された。その一方で，米の需要量は1963年の1,341万tをピークにほぼ一貫して減少を続けてきた。このように，供給側では米生産の増加，需要側では米需要の減退という需要・供給で逆向きの変化が起こったことによって，1960年代後半には，過剰米が発生する事態となった。当時は，食糧管理制度のもと，国内で生産された米を政府が全量買い入れることで，米価と米流通を直接管理していたため，政府が膨大な在庫を抱えることになったのである。過剰米の発生を抑えるために，1971年から生産調整（減反）が本格実施されてきた。

野菜や畜産，果実では，1961年に施行された農業基本法で目指された選択的拡大の影響が大きかったと考えられる。これは，高度経済成長期を迎えた日本

において，需要が見込まれる農産物の生産を増加させることを目指した生産政策である。つまり，米作や麦作といった穀物中心の生産から，需要に適合した農産物の生産への転換を図ろうとした政策であり，野菜や畜産などのシェア上昇はこれに応えたものであると見ることができる。

2　兼業化，高齢化の進展

次に，日本の農業の象徴的な変化である兼業化と高齢化について見てみよう。表9-1は，総農家戸数，専業農家割合，兼業農家割合（第1種兼業農家割合，第2種兼業農家割合）の推移を示している。農家戸数は，特に1980年代以降急速に減少しており，農家などの分類において新定義が採用された1990年を起点にすると，販売農家戸数は55％程度減少している。兼業化の進展は，戦後まもない頃からその徴候が見えており，1950年に半々であった専業・兼業農家割合は，1955年にはすでに兼業農家割合のほうが高くなっている。兼業化の進展

表9-1　専業・兼業農家割合の推移

(千戸，％)

	総農家数・販売農家数*	専業農家割合	兼業農家割合	第1種兼業農家割合	第2種兼業農家割合
1950	6,176	50.0	50.0	28.4	21.6
1955	6,043	34.8	65.2	37.6	27.5
1960	6,057	34.3	65.7	33.6	32.1
1965	5,665	21.5	78.5	36.7	41.8
1970	5,402	15.6	84.4	33.6	50.8
1975	4,953	12.4	87.6	25.4	62.1
1980	4,661	13.4	86.6	21.5	65.1
1985	4,376	14.3	85.7	17.7	68.0
1990	2,971	15.9	84.1	17.5	66.5
1995	2,651	16.1	83.9	18.8	65.1
2000	2,337	18.2	81.8	15.0	66.8
2005	1,963	22.6	77.4	15.7	61.7
2010	1,631	27.7	72.3	13.8	58.6
2015	1,330	33.3	66.7	12.4	54.3

*：1990年世界農林業センサス以降，農家などの分類が変更され，農家は大きく販売農家（経営耕地面積30a以上または農産物販売金額が年間50万円以上の農家）と自給的農家（販売農家以外の農家）となった。表中の数値は，1990年以降は販売農家のみ。

資料：農林水産省『農林業センサス』．

3）農林業センサスにおける統計用語であり，調査期日前1年間の普段の主な状態が「仕事に従事していた者」のうち農業に主として従事した世帯員のことを指す。

4）集落営農は，集落を単位として，農業生産過程の全部または一部について共同で取り組む組織である。活動内容は，集落営農によって様々であるが，具体的には「農産物等の生産・販売を行う」「機械の共同所有・共同利用を行う」「防除・収穫などの農作業受託を行う」「農家の出役により農作業を行う」「作付地の団地化など集落内の土地利用調整を行う」「集落内の営農を一括管理・運営している」などである。

5）認定農業者制度は，農業経営基盤強化促進法に基づく制度である。農業者が自らの創意工夫に基づき，経営の改善を進めようとする計画を市町村が認定し，これらの認定を受けた農業者を認定農業者と呼ぶ。認定を受けようとする農業者は，市町村に経営規模の拡大，生産方式・経営管理の合理化，農業従事の態様などに関する5年後の目標とその達成のための取組み内容を記載した「農業経営改善計画書」を提出する。市町村は，市町

表9-2 年齢別の基幹的農業従事者割合（販売農家のみ）

（千人，％）

	計	30歳未満	30～39	40～49	50～59	60～64	65歳以上
1990	2,927	2.6	9.6	14.5	27.2	19.3	26.8
1995	2,560	1.6	6.1	13.7	20.2	18.6	39.7
2000	2,300	1.5	4.1	11.3	16.7	15.3	51.2
2005	2,241	1.7	3.3	8.1	17.1	12.5	57.4
2010	2,051	1.5	3.1	5.9	15.1	13.2	61.1
2015	1,754	1.4	3.5	5.2	11.5	13.8	64.6

資料：農林水産省『農林業センサス』．

は，農業（特に稲作）の機械化や他産業への就業機会の増加，農工間の賃金格差などの要因によって説明される。なお，1975年をピークに徐々に専業農家割合が高まってきている（兼業農家割合が低下してきている）が，これは高齢世帯員のみの専業農家が増加しているためである。兼業農家の世帯主や他出していた農家出身の他産業就業者が定年退職した後に，専業農家として扱われるのである。つまり，専業農家割合が上昇している現象ではあるが，上記の兼業化，高齢化を要因とした変化であると言える。

高齢化の進展については，表9-2を見てみよう。これは，1990年から2015年までの基幹的農業従事者[3]の数と年齢区分別の割合を示したものである。基幹的農業従事者の数は，1990年から2015年までの間に約40％減少しており，農業人材は急速に失われている。減少することの良し悪しはさておき，日本農業の持続性という点から見て，より深刻なのは極端な高齢化が進んでいることである。65歳以上の層は，1990年には基幹的農業従事者の4分の1強ほどであり，この時点でも相当の懸念は示されていた。しかしながら，2015年にはそれをはるかに上回る3分の2弱の基幹的農業従事者が65歳以上となっているのである。表には示していないが，2015年において，基幹的農業従事者の平均年齢は67.0歳，75歳以上の層が31.0％となっている。

3 集落営農——法人化の推進

わが国においては，1970年代以降，農地法の改正や農地利用増進法，農業経営基盤強化促進法などに代表される様々なかたちで，農地流動化を通じた個別大規模経営や集落営農組織[4]の形成を推進してきた。現在の農業政策においてもその流れを汲んでおり，農業の担い手は，認定農業者[5]，集落営農などが想定されている。また，それらの大規模化や法人化が志向[6]されている。先

図9-2 集落営農数の推移
資料：農林水産省『集落営農実態調査－長期累年』2018.

に見たような兼業化の進展などを理由に，個別大規模経営の形成はそれほど進んでいない（とはいえ，大規模層への農地集積はわずかずつではあるが進んでいる）が，集落営農数は徐々に増加してきている。また，集落営農の法人化も進められており，2005年には646であった法人の集落営農数が2018年には5,106まで増加している。集落営農全体に占める割合は，この十数年の間に6.4％から33.8％へと27.4ポイント上昇したこととなる（図9-2）。

上記の動きに加えて，近年の農業への異業種（農業以外の業種）企業からの参入にも注目しよう。異業種企業による農業参入に対しては，農業・農村の立場から見ると，「新しい担い手」としての期待が寄せられている。一方，異業種企業の立場から見ると，新しい成長分野，年間労働の平準化，原材料の安定的な調達，企業イメージの向上などを期待しての参入が見られる。さらに，新たな雇用の創出や耕作放棄地の解消につながることも考えられることから，地域経済や地域社会を活性化させるなどのプラスの効果が生まれることも期待されている。図9-3に，一般法人による農業参入件数の推移を示している。参入の件数は2009～2010年を境に急増している。これは，「法人による農地を用いた農業への参入は，貸借であれば全国のどこでも可能」とした2009年12月の農地法改正によるものと考えられる。この改正は，それ以前には大きな障壁のあった一般法人の農業参入を容易にしたことを意味することから，参入増加の大きなきっかけになったと考えられる。

参入の実態について，もう少し詳しく見てみよう。業務形態別に見てみる

村が基本構想において示す，地域における望ましい農業経営の姿に照らして適切か，達成できる計画であるか，農用地の効率的・総合的利用に配慮したものであるか，という3つの基準によって認定の可否を判断する。

6）農業経営を法人化することのメリットは，主に経営，地域農業，制度の各側面から整理することができる。経営上は，経営管理能力の向上，対外信用力の向上，経営発展の可能性の拡大，農業従事者の福利厚生面の充実，経営継承の円滑化が期待される。地域農業に対しては，新規就農の受け皿としての機能を果たすことが期待される。制度面からは，税制上の優遇措置，融資限度額の拡大といったメリットがある。

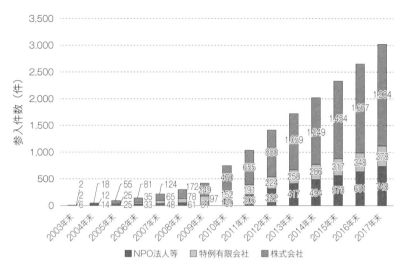

図9-3　一般法人による農業参入件数の推移
資料：農林水産省経営局 HP (http://www.maff.go.jp/j/koukai/sannyu/attach/pdf/kigyou_sannyu-11.pdf)

と，最も多いのが「農業・畜産業」で，参入企業全体の24％（740法人）を占め，「食品関連産業」（21％，632法人），「建設業」（11％，335法人），特定非営利活動（NPO法人）（9％，263法人）と続いている。営農作物別に見ると，最も多いのが野菜で，参入企業全体の41％（1,246法人）を占め，米麦など（18％，558法人），複合（17％，522法人），果樹（13％，382法人）と続いている。

4　生産コストの高さ

農業あるいは農業政策は，高度経済成長期以降，他産業との所得格差を解消することを目指してきた。農業所得が他産業と比較して低位となってしまうことにはいくつかの理由が考えられる。農業所得は，農業粗収益から農業経営費[7]を引いたものである。やや厳密性には欠けるが，単純化すると以下の式になる。

農業所得＝売上－費用＝農産物の販売量×農産物価格－費用

農業所得を増やすためには，販売量を増やす（生産量を増やす），高い価格で売る，あるいは費用（生産コスト）を減らすという方法が思いつくだろう。逆に言えば，農業所得が低いのは，こういった方法がうまく機能していないと考えられる。

ここで，稲作を例にとってみると，基盤整備や農作業の機械化，化学肥料の増加などによって単収の増加には成功してきた。一方で，それらの新技術の導

[7] 物財費，減価償却費，雇用労働力費，借入地地代，借入資本利子などから構成される。家族労働費，自作地地代，自己資本利子は含んでおらず，これらを含んだ用語である農業生産費と混同しやすいので注意する必要がある。

表9-3 稲作の経営作付面積規模別収支の概況（2016年）

	10a当たり農業粗収益（円）	10a当たり農業経営費（円）	10a当たり農業所得（円）	10a当たり収量（kg）	平均作付面積（a）	平均所得（円）
	A	B	A−B	C	D	(A−B)×D
平均	113,134	84,889	28,245	533	164.6	464,913
0.5ha 未満	104,140	122,642	−18,502	485	34.1	−63,092
0.5～1.0	106,468	105,771	697	504	71.3	4,970
1.0～2.0	111,704	89,978	21,726	525	138.2	300,253
2.0～3.0	111,891	77,834	34,057	536	242.9	827,245
3.0～5.0	114,037	83,817	30,220	538	393.0	1,187,646
5.0～7.0	118,006	73,383	44,623	564	586.9	2,618,924
7.0～10.0	123,312	71,648	51,664	563	808.0	4,174,451
10.0～15.0	116,580	70,613	45,967	537	1,192.4	5,481,105
15.0ha 以上	114,556	72,287	42,269	544	2,021.8	8,545,946

資料：農林水産省『農業経営統計調査』2017.

入にはコストが多くかかる。表9-3に示しているように，特に作付面積規模の小さい層では，農業粗収益に比して農業経営費が非常に高くなっている。作付面積規模が大きくなるにつれて，いわゆる規模の経済[8]の発揮によって農業経営費は逓減しているものの，15.0ha以上の層ではむしろ上昇している。すなわち，10.0～15.0ha程度の作付面積規模に達すると最初に投資した機械などの能力が限界に達し，追加的な固定資本の調達が必要になる。なお，単位当たり収量は世界平均の約464kg（FAOSTAT[9]，2016）よりも多い。米の価格は，2006年頃から60kg当たり15,000円前後で取引されており，60kg当たり20,000円を超えていた食糧管理法下で価格や流通が統制されていた1995年頃までの時代に比べると，かなり安くなっている。以上のことから，稲作に関しては，その所得が低い理由として，まず，米価の低下の影響がかなり大きいことが考えられる。それに加えて，農業粗収益に見合わないコストの大きさもあげることができるだろう。

参考までに，経営部門別に見た農業所得率[10]などのデータを表9-4に示している。生産物の単価や生産費構造などが異なる部門であるから単純に比較することはできないが，畜産の一部や北海道の畑作などでは，1千万円に迫る，あるいはそれを超える農業所得を得ている部門もある。一方で，畜産部門であっても，例えば，ブロイラー養鶏や養豚のように，農業所得率が非常に低

[8] 規模の経済についてはp.35の側注を参照。

[9] FAOSTATはFAO（国連食糧農業機関）が運営するオンライン統計データベース。

[10] 農業所得÷農業粗利益×100

表9-4　経営部門別に見た農業経営の状況（2016年）

	農業粗収益（千円）	農業経営費（千円）	農業所得（千円）	農業所得率（%）
水田作	2,658	2,032	626	23.6
畑作（北海道）	32,633	23,222	9,411	28.8
畑作（都府県）	5,105	3,404	1,701	33.3
露地野菜作	6,082	3,648	2,434	40.0
施設野菜作	12,814	7,291	5,523	43.1
露地花き作	6,967	4,425	2,542	36.5
施設花き作	15,431	10,843	4,588	29.7
果樹作	6,090	3,622	2,079	40.5
ブロイラー養鶏	114,825	99,580	10,362	13.3
採卵養鶏	53,763	44,829	6,565	16.6
養豚	66,566	54,924	13,487	17.5
酪農（北海道）	82,851	61,152	16,133	26.2
酪農（都府県）	45,676	34,325	8,453	24.9
繁殖牛	12,519	6,951	3,756	44.5
肥育牛	78,951	61,011	12,432	22.7

資料：農林水産省『農業経営統計調査』2017.

い，つまり農業経営費が非常に大きいものが見られる[11]。

5　農業に対する支援と保護

　農業は，農業経営体による営利を目的とした経済活動であると言えるが，同時に，国民にとって欠かせない食料生産を行う活動であるという側面も有している。エネルギーを効率よく摂取できることから，主食になりやすい穀物の生産は農業の中でも特に重要であるが，その一方で高い農業所得を得ることが困難であることは，すでに見てきた。このような背景から，農業に対してはこれまでに様々な支援や保護の政策が講じられてきた。これは，わが国に限ったことではなく，アメリカやオーストラリア，フランスといった農場を大規模化させ企業的に経営を行っているような国においても，穀物生産に対する支援は一般的なものとなっている。

　農業や農地の担い手の問題への対処も重要である。本章で見てきたように，農業や農地の担い手は，今後，量的にも質的にも不足していくことが懸念され

11) 日本は土地条件の制約から，水田作や都府県の畑作といった土地利用型農業は得意ではない一方，施設園芸やブロイラー，養豚など施設型農業は規模も拡大し比較的生産性が向上してきた。ただし，ブロイラー，養豚では輸入飼料に多くを頼ることを前提としている。これが日本の食料自給率が低いことの要因のひとつと言える。詳しくは，第10章（p.90）を参照。

ている。そこで，どんな農家に対しても一律にというのではなく，担い手を明確化し，これを重点的に支援をしようという方針となっている。また，担い手への農地集積も1970年代以降，なかなか有効な解決策が見つからないままであるが，2018年現在は全都道府県に設置された農地中間管理機構[12]を介した農地賃貸借が推進されている。

その他にも，ますます自由化の進む国際環境の中で輸出促進のための支援や加工や販売といった農業生産以外の事業への展開である6次産業化[13]の推進といった，新たなチャレンジへの支援も積極的に行われている。

● 演習課題

課題1：関心のある農業経営部門の，農業経営費の構成について調べてみよう。

課題2：課題1で明らかにした農業経営費の中で，高い費目の要因について考えてみよう。

課題3：その部門の農業経営における所得を向上させる方策について話し合ってみよう。

[12] 農地中間管理機構は2014年度に，担い手による農地利用が全農地の8割を占めることを目標に，農地の「中間的受け皿」として設置された。2014〜2017年度の4年間の農地中間管理機構による転貸の取扱実績は18.5万haとなっている。

[13] 6次産業化については第15章4節(p.142)を参照。

コラム　日本農業の方向性

　日本農業は，家族経営が中心である。ところで，「日本」農業と言わずとも，世界的に見ても，農業は家族経営が中心である。例えば，農業の企業的生産が進んでいる国と言えば，アメリカやオーストラリアをあげる人も多いだろう。そのアメリカにおいてさえ，全農場数の約87％が個人または家族農業経営に分類されているのである。日本ではさらに多く，家族農業経営が約98％を占めている。では，何が違うのか。アメリカなどの家族農業と比較して，日本農業は，「小規模な」家族経営なのである。日本の場合，大規模層に農地が流動化しつつあるとはいえ，小規模な家族経営が数の上でも面積規模においてもいまだ大部分を占めている。

　では，小規模な家族経営は，国全体の農地の効率的利用のために，農業をやめて大規模な農業経営に農地を貸し付けていくほうが良いのか。しかし，ことはそれほど単純ではない。大規模な少数の農業経営が，現在，小規模な家族経営や非農家が行っている集落における地域資源の維持・管理活動を担っていくことができるのか，日本の国土においてアメリカやオーストラリア並みの効率化を実現できるのか，といった反論もある。そして，何より農地の利用方法は所有者の意思決定にゆだねられているのである。この種の議論は，なかなか出口が見えないものの，日本の農業政策としては，規模拡大路線を維持しつつ，企業を含む新たな担い手にできるだけ農地を集積していこうというものであろう。

　ところで，2018年11月20日，国連総会第3委員会が「小農と農村で働く人びとの権利に関する国連宣言（小農の権利宣言）」を採択した。この際，賛成119，反対7，棄権49となったが，日本は棄権した（反対は，アメリカ，イギリス，オーストラリア，ニュージーランドなど）。

　日本の農業は，今後，どのような道をたどるのか，あるいはどのような方向に行くべきなのか，読者のみなさんも議論してみてはいかがだろうか。

10 食料の輸入と自給率

サマリー

　本章では日本で使われる食材のうち，国内で生産された食料の割合である「食料自給率」について学ぶ。また，潜在的な食料生産能力を示す「食料自給力」について学び，私たちに必要不可欠な食料をどのように確保すべきかについて考えを深める。食料自給率にはいくつかの計算方法があるものの，日本の食料自給率は長期的な低下傾向にある。つまり，食料の輸入が増加してきた。食料自給率を過去や他国と比較することにより，日本の食料供給の現状について理解を深め，日本の，そして世界の食料安全保障について考える。

1　食料自給率

（1）食料自給率とは

　みなさんの食料は誰が作ったものだろうか。国内の農家が生産したものだろうか。それとも，海外の農業者が生産し，輸入されてきたものだろうか。日本で使われる食材のうち，国内の食料生産でどの程度まかなえているかを示した割合を食料自給率と言う。食料自給率は次のような計算式で求めることができる。

$$\text{食料自給率（\%）} = \frac{\text{国内生産}}{\text{国内消費仕向}} \times 100$$

$$= \frac{\text{国内生産}}{\text{国内生産}＋\text{輸入}－\text{輸出}\pm\text{在庫増減}} \times 100$$

　この式で，分母の国内消費仕向と分子の国内生産を重量で捉えるか，熱量で捉えるか，金額で捉えるかによって，また，対象を個別の品目について見るか，食料全体について見るかでいくつかの計算方法がある。

1）品目別自給率

品目別自給率は，米や野菜などの品目別に重量の比率を計算したものである。

2）穀物自給率

穀物自給率は，最も基礎的な食料である穀物〔米，小麦，雑穀（とうもろこしなど）〕に着目して，その重量の比率を計算したものである。ただし，この穀物には人間が直接食べずに，牛，豚，鶏などの家畜の飼料として利用されるものも含まれる。分母と分子から飼料向けの数量を除いて，主食用に限っての比率を計算したものが主食用穀物自給率である。

3）供給熱量ベースの総合食料自給率

供給熱量ベースの総合食料自給率は，食料全体の自給の度合いを見るためのもので，分母，分子ともに基本的な栄養素である熱量に着目して全ての品目を足し上げたものの比率である。分母は1人1日当たり供給熱量，分子はそのうち国産農水産物によって供給される熱量となる。ただし，この総合食料自給率では，畜産物の国内生産のうち，輸入飼料による生産分は除かれている。なぜならば，飼料の自給率は26％〔2017年度（概算）〕と低く，国内産の牛肉でも，餌は輸入飼料に頼っている部分が多いためである。輸入飼料によって国内で生産された部分は，純粋に国内産とは言い難い。

4）生産額ベースの総合食料自給率

現在，日本の農業生産のうちで最も金額が大きいのは野菜であるが，野菜による供給熱量は多くはないため，わが国で野菜生産が盛んなことは供給熱量ベースの総合食料自給率には反映されにくい。このため経済的価値に着目した生産額ベースの総合食料自給率が公表されている。これは，分母，分子を金額で表して比率を計算したものである。ただし，畜産物及び加工食品については，輸入飼料の金額と輸入食品原料の金額を分子の国内生産額から差し引いている。

（2） 食料自給率の推移

図10-1は食料自給率の推移を示している。供給熱量ベースの総合食料自給率は，1960～1970年代に大きく低下し，1960年度は79％であったものが2019年度（概算）で38％にまで低下した。ただし，2000年代以降40％前後で推移している。つまり，供給熱量で見た場合，残りの約60％の食料は海外から輸入されているということになる。

しかし，経済的価値に着目した生産額ベースの総合食料自給率の場合，日本の食料自給率は2019年度（概算）で66％程度であり，食料の約3分の2は国産でまかなわれていることになる。日本の食料自給率は経済的価値で見る限りそ

1 食料自給率

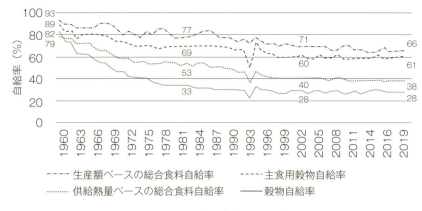

図10-1　食料自給率の推移
資料：農林水産省『平成30年度食料需給表』2019,『令和元年度食料需給表（概算）』2020.

れほど低くはない[1]。

なお，前述のように総合食料自給率の計算には，家畜の餌である輸入飼料の影響を考慮しているが，それでは国内で生産されている畜産物の生産が，食料自給率上，見えにくいという問題がある[2]。そこで農林水産省では飼料自給率を反映しない総合食料自給率も参考値として公表しており，それによるとカロリーベースで46％，生産額ベースで68％となっている〔いずれも2017年度（概算）〕。

穀物に限定した穀物自給率も，1960年には82％あったものが，2019年度（概算）では28％まで低下している。これも大きく低下したのは1960～1970年代であった。しかし，食用に限定した主食用穀物自給率は2019年度（概算）で61％を維持している。品目別の自給率（図10-2）を見ると，米についてはほぼ100％

1) ただし，輸入農水産物は国産農水産物と比較して価格が安いこともこの自給率が高い理由である。

2) 例えば鶏卵はほとんど国内で生産されるが，輸入飼料を考慮すると自給率は10％程度になる。章末のコラム（p.98）参照。

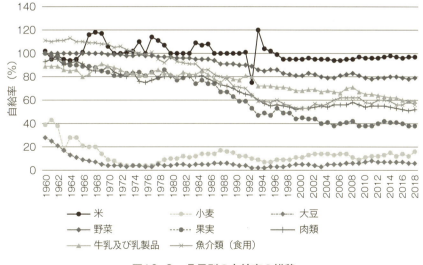

図10-2　品目別の自給率の推移
資料：農林水産省『食料需給表』．

3) 米については供給力としては自給が可能であるが，国際合意により一定量の輸入を受け入れることとなっているため（Minimum Access，最低輸入義務），100%とはなっていない。

を維持しているが[3]，その他の品目には長期的な低下傾向が見られる。それは，私たちの食卓の海外依存度が高まっていることを示している。ただし，自給率の低下も品目別には2つの種類に分けることができる。ひとつは小麦，大豆といった1960年代に大きく低下した品目であり，もうひとつは果実，肉類などの1980年代後半から低下した品目である。これらの品目の自給率が低下した理由は後述する。

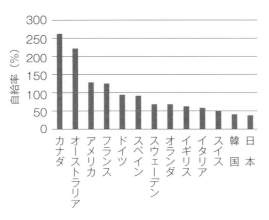

図10-3　食料自給率（供給熱量ベース）の国際比較（2013年）
資料：農林水産省『平成28年度食料需給表』2018．

（3）食料自給率の国際比較

図10-3は，各国の食料自給率（供給熱量ベース）を比較したものである。日本の食料自給率は他の先進国に比べ低い水準にあることがわかる。先進国は工業国のイメージがあるかもしれないが，欧米の先進国は農業にも強く，比較的高い水準の食料自給率を維持している。特に，広大な面積を有するカナダやオーストラリア，アメリカなどは食料自給率が100%を超えており，海外に多くの農産物を輸出していることがうかがえる。

（4）食料自給率低下の要因

日本の食料自給率が低下してきた要因は何であろうか。食料自給率は国内生産と国内消費仕向の比率であるから，両方の要因が考えられる。まず生産側，つまり農業の側面から見てみよう。日本の国土面積は狭くはないが，国土の約7割が森林であり，平地が少なく，農業に適さない土地が多い。そのため，経営規模が小さいという構造的課題があり，大規模生産が可能な大国での農業に比べ，相対的に生産費用（コスト）が高くなる傾向にある（詳しくは第9章，p.84を参照）。

このような条件を前提に，1960年代以降1985年までと1985年以降に分けて考えよう。

1） 1960年代〜1985年まで

　1960年代に大きく食料自給率が低下した要因で，最も大きかったのは食生活の変化であった。すなわち，米の消費の減少，パン食の増加，畜産物消費の増加，そして油脂消費の増加である。品目別自給率の変化の中で小麦や大豆の自給率が他の品目に先駆けて低下したのは，これらの要因によるところが大きい。

　小麦について言えば，もともと日本で栽培されていた小麦は，うどんなどの日本麺用[4]であり，パンに適した小麦は少なかった。そこで，パンの需要増加に伴ってパン用の小麦の多くを輸入に頼らざるをえなくなったのである[5]。

　大豆の自給率の低下は，油脂需要の拡大に伴い，搾油用の大豆輸入が増加したことが大きい。

　所得上昇がもたらした畜産物需要の増加は，肉類や牛乳・乳製品の国内生産を増加させたが，そのための飼料穀物（主としてとうもろこし）の輸入を増加させた。これらは，前述のような日本の国土条件の制約から国内で生産することには無理があった。

　第2章（p.16〜）で学んだように，私たちの食生活が米や野菜中心のものから，肉や乳製品などを多く含む欧米型に変化してきたことは，食料自給率を下げてきた主な要因のひとつである。また，1985年以降も，日本人の生活が豊かになるにつれ，海外の多様な食材や高級な食材への関心も高まってきた。そのような多様で豊かな食生活とそれを支える経済発展が，食料自給率という指標においては，低下という結果をもたらしてきたとも言える。

　もともと日本の風土は米生産に適しており，現在でも米は自給に近い水準にある（2017年度の米の自給率は約97%）。農業現場では米の更なる生産は可能であるが，減少した消費に対応するため，生産調整が行われ，他の作物への転換が進められている。そのことも，食料自給率の低下の主要な要因のひとつである。ちなみに，日本人が1日にご飯をもうひと口多く食べるようになると，供給熱量ベースの総合食料自給率は1%向上すると言われている。

2） 1985年以降

　1985年以降に肉類，果実などの自給率が低下した大きな要因は円高と農産物貿易の自由化である。1985年のプラザ合意[6]以降の急速な円高が，農産物や加工品，食品製造業や外食産業で利用される半加工品の輸入を促進した。単純な比較はできないが，1970年代前半に1ドル300円台だったアメリカドルに対する為替レートが，近年では1ドル110円台で推移しており，海外の農産物や加工品が相対的に安価になり，海外からの食料調達がしやすくなった。

　また，国際社会で自由貿易が進展する中で，国際交渉により農産物市場の開

4）日本麺用の小麦はたんぱく質含量が中程度の中間質小麦であり，パンに使われる小麦はたんぱく質含量が高い硬質小麦である。

5）ただし，近年は国産小麦にも日本麺用以外の用途の小麦の新品種が開発され，様々な用途で日本小麦が復活しつつある。
　吉田行郷『日本の麦 拡大する市場の徹底分析』農文協，2017．

6）第1章，p.3の側注3を参照。

放が進められ，特に日米交渉による1991年の牛肉・オレンジの自由化の影響が大きく，その頃から輸入が大幅に増加し，自給率が低下した。あわせて関税の引き下げも進み，国内の農産物は価格面で競争力を失い，相対的に安価な輸入農産物に市場を少しずつ譲るようになった。

3）輸入品目の変化

以上のような食料自給率の低下を，わが国の輸入品目の変化から確認してみよう。表10-1は食品輸入の上位品目の推移を示している。1960年の輸入品目の第1位は小麦，第2位は大豆であった。1980年には主に畜産で給餌される家畜用の飼料であるとうもろこしが第1位となった。2000年以降は，豚肉，牛肉といった肉類が上位を占め，生鮮・乾燥果実が上位になっている。また，鶏肉調整品や冷凍野菜など食品製造業や外食産業が利用する半加工品の輸入も上位になった。

表10-1 わが国の輸入農産物の上位10品目の推移（金額ベース）

	1960年	1980	2000	2010	2015
1位	小麦	とうもろこし	豚肉	豚肉	豚肉
2位	大豆	大豆	たばこ	たばこ	たばこ
3位	粗糖	小麦	牛肉	とうもろこし	とうもろこし
4位	とうもろこし	粗糖	生鮮・乾燥果実	生鮮・乾燥果実	牛肉
5位	牛脂	コーヒー豆	とうもろこし	牛肉	生鮮・乾燥果実
6位	米	グレーンソルガム	アルコール飲料	アルコール飲料	アルコール飲料
7位	コプラ	牛肉	大豆	大豆	鶏肉調製品
8位	たばこ	豚肉	小麦	小麦	大豆
9位	乾燥ミルク（脱脂）	たばこ	生鮮野菜	鶏肉調製品	小麦
10位	ふすま	アルコール飲料	鶏肉	コーヒー豆	冷凍野菜

注：工業用原料（羊毛，綿，天然ゴム，その他（牛皮など））を除く。たばこは，製品たばこを含む。1990年以前は，生鮮・乾燥果実の分類を採用していない。

資料：農林水産省『海外食料需給レポート2016』2017.

2 食料自給力と食料安全保障

（1） 食料自給力

食料自給率の低下は，食料の海外依存度の上昇を示しているが，これまで述べてきたように，食生活が豊かになり，消費者の選択の幅が広がったことの裏返しとも言える。その意味では，食料自給率の低下を食料安全保障の問題に直

接的に結びつけることは適切ではない。そこで近年では，危機発生時の食料供給力に重点をおいた食料自給力という考え方も示されている。危機の段階に応じた食生活を想定し，花などの非食用作物が栽培されている農地や荒廃農地で食用農産物を栽培するような緊急対応策を含めた潜在的な食料生産能力に焦点を当てた考え方である。農林水産省の試算によると，いも類を中心として作付を行うと，1人1日当たりの推定エネルギー必要量2,147kcalを超える2,660kcalを確保できる一方，現在の私たちの食生活に近い米，小麦，大豆を中心とした作付の場合には1,814kcalにしかならないとされている（いずれも2016年度）[7]。

7）農林水産省『平成29年度食料・農業・農村白書』2018，p.47.

しかし，食料生産には一定の期間を要し，また緊急に作付けするとしても，種や肥料などの問題があることも忘れてはならない。

（2）日本の食料安全保障

これまで見てきたように，日本の食料自給率は低下してきているものの，直ちに食料が危機的に不足するような事態は想像しにくいかもしれない。しかし，食料の危機は，自然災害の発生や天候不順により，突然発生することも考えられる。災害発生時などに，短期的，地域的には食料が不足する事態に陥ることがあることを思い出してほしい。今日の発展した日本社会においても，常に食料の供給に関するリスクは存在するのである。

多くの開発途上国にとっての食料安全保障は，毎日の食料の確保が課題であるが，食料不足の時代を乗り越えたわが国のような先進国にとっての食料安全保障は，このような食料供給が途絶したときのための危機管理の問題である。このような食料安全保障のための手段は3つある。

① 国内農業生産の維持

国内生産によって食料を確保することは最も信頼できる方法であり，ある程度の食料供給力を維持しておくことや食料自給率を高めておくことは重要である。しかし，前述のように国土条件の制約が大きいわが国ではコストがかかるという問題がある。

② 備　　蓄

短期的な対応としては最も有効な方策であり，コストはある程度かかるが，現実的な方法である。しかし，危機的状況が長期化する場合には対応ができない。

③ 輸入の安定化

このための方策としては，輸出国との長期契約の締結や，輸入先の分散化をはかるなどがある。特定の国・地域に食料を過度に依存することは，リスクを高めることに繋がる。たとえ輸出国との関係が良好であっても，産地での天候

第10章 食料の輸入と自給率

表10-2 日本の輸入農産物の国・地域別割合（2017年）

(％, 金額ベース)

品目	1位	2位	3位
大豆	アメリカ（71.6）	ブラジル（13.8）	カナダ（13.0）
小麦	アメリカ（50.4）	カナダ（30.7）	オーストラリア（17.5）
とうもろこし	アメリカ（79.1）	ブラジル（14.1）	南アフリカ（3.3）
牛肉	オーストラリア（49.8）	アメリカ（43.0）	ニュージーランド（3.2）
豚肉	アメリカ（28.6）	カナダ（23.2）	デンマーク（12.3）
鶏肉	ブラジル（67.8）	タイ（28.2）	アメリカ（3.1）

資料：農林水産省『農林水産物の輸出入概況』2017.

不順や交通障害など様々な要因が輸出入を妨げる要因となりうるからである。日本が輸入する食料の調達先を見てみると，例えば，品目によっては特定の国に大きく依存している状況があることがわかる[8]（表10-2）。輸入の安定化は最もコストがかからない手段であるが，最も不安定な方策であることも確かである[9]。

これら3つの手段はそれぞれ長所や短所があるため，コストを考慮しながらこれらの手段を組み合わせていくことが重要であり，実際にそれが行われている。

（3） 世界の食料安全保障

日本では食料自給率が低下しているものの，食料は豊富にあり，まだ食べられる食料が廃棄される「食品ロス」が社会問題化しているほどである。日本に限らず他の先進国においても同様であり，世界全体として見れば，食料は十分な量が生産されている。

しかし現実には，世界では2017年に8.2億人もの人々が，十分な栄養を確保できていない状況にある。つまり問題は，いかに食料を生産し十分な量を確保（availability）するかということだけではなく，それをどう分配（accessibility）するかという点にもある[10]。さらに，食料であるので，安定的（stability）に，安全（safety）に供給されなければならない。2015年に採択された国連の持続可能な開発目標（SDGs）においても，「2030年までに飢餓と栄養不良を終わらせる」という目標が掲げられている[11]。日本の食料確保の問題について深く考えることが重要なことと同様に，世界の食料安全保障について私たちがどのような貢献ができるか，考えていかなければならない。

8) ただし，徐々にではあるがわが国の輸入先は多様化しつつある。第12章, p.114を参照。

9) かつてアメリカは大豆の輸出禁止を行ったことがある。詳しくは第12章コラム参照。

10) この点について詳しくは第11章（p.103）を参照のこと。

11) 詳しくは第11章コラム（p.106）を参照のこと。

2 食料自給力と食料安全保障

◆**演習課題**

課題1：総合食料自給率にはカロリーベースと生産額ベースがあるが，それぞれの計算結果にはどのような特徴があるだろうか。

課題2：食料自給率が低下すると，どのような問題があるだろうか。

課題3：どうすれば食料自給率を高めることができるだろうか。

課題4：1990年代の前半に食料自給率が大きく落ち込んでいる。その原因について考えてみよう。

コラム　鶏卵の自給率

　食料の品目別自給率は，本章で学んだように，米や野菜など品目ごとの重量ベースの自給率である。このうち，畜産物である肉類（鯨肉を除く），鶏卵，牛乳・乳製品については，飼料自給率を考慮した自給率が計算され公表されている。2017年度（概算）では，それらは各々，8％，12％，26％であり，米（主食用）（100％）や野菜（79％），魚介類（食用）（56％）などと比べてずいぶん低い。大量の牛肉や豚肉，チーズなどの畜産物がオーストラリアやアメリカ，ヨーロッパなどから輸入されていることは知られているが，ほとんど国内で生産され消費される鶏卵の自給率が10％程度であることは，畜産物の国内生産に利用される飼料穀物をいかに多く海外に依存しているかを理解するうえでわかりやすい。

　このような背景のもと，輸入穀物飼料の代替として飼料用米を給与した畜産物のブランド化の取組みが各地で行われている。大分県の有限会社鈴木養鶏場では，大分県産米を含んだ飼料を成鶏に給与し「豊の米卵（とよのこめたまご）」として差別化をはかっている（写真）。

　また，米にかぎらず，焼酎粕やジュース粕など地域の食品産業で発生する副産物を家畜飼料に利用する事例〔生産された飼料はエコフィード（ecofeed）と呼ばれる〕も増えている。海外の飼料穀物依存の畜産からの転換をはかり，畜産物のブランド化を促す気運が高まっている。

　地域で生産された飼料を地域で利用することは，私たち消費者にとっても，地域農業や地場食品産業の活性化，安全な地元産飼料の流通など，積極的な意義がある点を理解することが重要であろう。

大分県内の小売店で販売される「豊の米卵」
（中川　隆撮影）

11 世界の人口と食料問題

サマリー

人口と食料の関係は古くから人類の関心事であった。イギリスの経済学者マルサスは，18世紀末に人口増加の伸びに食料生産が追いついていけないという悲観的な予言をした。これは「マルサスの命題」と呼ばれている。現実は，人口が増加したものの，食料生産も人口増加率に負けないスピードで増加した。その結果，先進国では肥満が大きな社会問題になっている。他方，世界にはいまだ広範に栄養不良に苦しむ人々が存在している。私たちはこの矛盾する事実をどう考えたら良いのであろうか。

1 世界の人口増加とその要因

（1） マルサスの命題

　この本の読者で，毎日，「今日はご飯を食べられるだろうか，明日は食べ物があるだろうか」と心配して暮らしている人は，ほぼいないであろう。しかし，巨視的に見ると世界の人口は増加を続けており，それに食料の生産が追いついていけるのかは切実な問題である。

　この人口と食料との関係については，すでに古くはイギリスの経済学者ロバート・マルサス（1766～1834年）が1798年に出版した『人口論』[1]において述べている。この中でマルサスは，以下のように2つの公準（証明する必要のない前提）をおいている[2]。

　第一，食糧は人間の生存に必要であること。
　第二，両性間の情念は必然であり，ほぼ現在の状態のままであり続けるとおもわれること。

　この前提のもとで「人口は，制限されなければ，等比数列的に増大する。生活資料[3]は，等差数列的にしか増大しない」と述べ，人口の増加に食料生産

[1] マルサスは精力的に改訂を重ね，生前に第6版までを出版している。1798年の初版本は匿名で出版され，第2版からマルサスの名前で刊行された。

[2] ロバート・マルサス，長井義雄（訳）『人口論』中公文庫，1973, pp.22-23.

[3] ここでは食料のこと。

が追いつかず，このことが，人口増加を制限すると予想した。これは「マルサスの命題」と呼ばれている。では，現実の世界はこの命題どおりに進んだのであろうか。

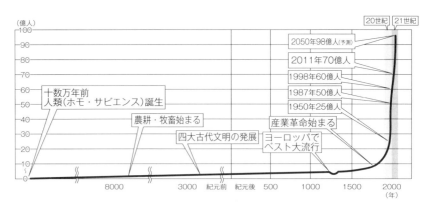

図11-1　世界人口の推移
資料：国連人口基金東京事務所ホームページ．

（2）世界人口の推移と将来推計

　図11-1は世界人口の推移を長期間にわたって示したものである。世界の人口は18世紀に6億人を突破してから急激に増加した。世紀別に人口増加数を比較すると，18世紀の人口増加数が3億人，19世紀7億人，20世紀には45億人と，20世紀になって急激に増加した。これは「人口爆発」[4]と呼ばれている。とりわけ20世紀でも後半の増加が顕著であり，前半が9億人あったのに対し，後半の50年間だけで36億人が増加している。そして，2015年の世界人口は74億人に達している。将来とも人口は増え続け，国連による中位推計[5]では，

4) この言葉を，現在，国連人口基金では使用していない。人口増加のスピードが1990年代にピークを迎え，現在緩やかになっているという点や，「爆発」という言葉がセンセーショナルに捉えられるのを危惧してのことのようである。

5) 将来推計を実施するうえでは，出生率と死亡率に一定の仮定をおかなければならない。国連の推計は人口予測結果が多い順に，上位推計，中位推計，下位推計の3種類の推定結果が発表されている。通常はこのうちの中位推計を使用している。

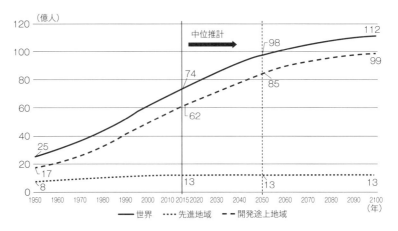

図11-2　開発水準別世界人口の推移と将来推計
資料：United Nations, *World Population Prospects: The 2017 Revision*. より作成．

2050年に世界人口は98億人，2100年には112億人に達すると見られている。

ただし，人口が20世紀後半に急増したといっても，国の開発水準[6]によって増加のスピードは異なる（図11-2）。

これを見ると，日本を含む先進地域はほとんど人口が増えておらず，これは将来も続くものと予想され，2100年に至ってもほとんど人口は変わらないという結果になっている。結局，世界人口の増加分は過去，将来も含め，すべて開発途上地域における増加であることがわかる。

[6] 先進地域は北米，ヨーロッパ，日本，オーストラリア，ニュージーランドを含む地域．開発途上地域は先進地域以外の地域．

（3）人口増加の要因

この先進地域と開発途上地域の人口増加率の差は何から生じたのか。人口増加率は以下のように出生率と死亡率という2つの要因から求められる。

人口増加率＝出生率－死亡率

表11-1が示しているように，先進地域ではこの60年間に出生率が2.2％から1.1％へと半減したため，死亡率が変化していなくても，結果として人口増加率が1.2％から0.1％に大幅に低下した。

これに対して，開発途上国では，死亡率が急激に低下し，先進地域よりも低くなったものの，出生率は低下したとはいえ，2.1％と高い水準を保っているため，人口増加率が1.4％と依然として高い水準にとどまっている。一見1.4％と言うと，たいして大きな数字ではないように見えるが，これは約50年で人口が倍になるという伸び率である[7]。

このように，人口の推移を見ると，20世紀の急激な人口増加からは，人口が等比数列的に増加するというマルサスの予測は当たっているように見える。しかし，そのことが食料不足をもたらし，人口増加の抑制要因になるという点は，現実に人口増加が続いているため，当たっているとは言えない。

[7] ある年間成長率が与えられたときに元の数字が2倍になる年数を簡便に計算する方法として「70のルール」を覚えておくと便利である。これは「70÷年成長率（％）」で2倍になる年数を求められるという方法である。人口増加率が1.4％の場合は「70÷1.4＝50」となり，約50年で2倍になることがわかる。

表11-1　出生率・死亡率・人口増加率の変化

(％)

	出生率		死亡率		人口増加率	
	1950〜55年	2010〜15年	1950〜55年	2010〜15年	1950〜55年	2010〜15年
世界	3.7	2.0	2.0	0.8	1.7	1.2
先進地域	2.2	1.1	1.0	1.0	1.2	0.1
開発途上地域	4.4	2.1	2.4	0.7	2.0	1.4

資料：荏開津典生・鈴木宣弘『農業経済学 第4版』2015, 表8-4 (p.126) に「2010〜15年」を追加して作成．

2 世界の飢餓状況

(1) 栄養不良人口の推移

　図11-3は世界の栄養不良人口と人口に占める割合（蔓延率）の変化を示したものである。栄養不良人口は2005年以降2014年まで減少し続けていたが，以後2017年まで3年連続で増加した。蔓延率も2015年以降2年連続で上昇した。2017年現在，世界には栄養不良人口が8.2億人もいることになる。これは世界人口の10.9％に当たり，9人に1人が栄養不足に苦しんでいることになる。

　表11-2で栄養不良人口の分布を地域別に見ると，蔓延率はアフリカ，特にサハラ以南アフリカが高く，2017年には人口の23.2％が栄養不足であった。その中でも，特に東部アフリカは31.4％と蔓延率が高い。アフリカ以外だと，南アジアの14.8％が高い。

　絶対数でも南アジア（2.8億人），東アジア・東南アジア（2億人）及びサハラ以南アフリカ（2.4億人）に集中している。この3地域の合計は7.2億人になり，全世界の栄養不良人口の87％を占めている。アジアの絶対数が多いのは人口が多いことも影響している。要約すると，蔓延率はアフリカが高く，絶対数ではアジアが多いということになる。

図11-3　世界の栄養不良人口の推移
資料：JAICAF『世界の安全保障と栄養の現状2018』2018.

表11-2 地域別栄養不良人口の分布（2017年）

地域	蔓延率（％）	絶対数（百万人）
世界	10.9	820.8
アフリカ	20.4	256.5
北アフリカ	8.5	20
サハラ以南アフリカ	23.2	236.5
東部アフリカ	31.4	132.2
中部アフリカ	26.1	42.7
南部アフリカ	8.4	5.4
西部アフリカ	15.1	56.1
アジア	11.4	515.1
中央アジア	6.2	4.4
東アジア・東南アジア	8.9	203.3
南アジア	14.8	277.2
西アジア	11.3	30.2
ラテンアメリカ・カリブ海	6.1	39.3
ラテンアメリカ	5.4	32.3
カリブ海	16.5	7
オセアニア	7	2.8
北アメリカ・ヨーロッパ	<2.5	<27.6

資料：JAICAF『世界の食料安全保障と栄養の現状 2018』2018.

（2） 食料の分配

前述した事実は，マルサスが予言したように，人口増加に食料生産が追いついていないことを示しているのだろうか。

小麦，米，とうもろこしは３大穀物と呼ばれている。いずれもイネ科植物で，人間の食事エネルギー摂取源として重要なものだからである。国連食糧農業機関（Food and Agriculture Organization of the United Nations：FAO）によると，2015年の世界の穀物の合計生産量は約28億ｔである。これを同じ年の世界人口73.8億人で割ると，人口１人１日当たりの穀物の量は1,039ｇになる。カロリー換算するまでもなく，単純計算では世界では食料が十分足りているということになる。また，2013年の世界平均の１日１人当たり食事エネルギー供給量で見ても2,884kcal[8]で十分足りている。全体量で見ると，マルサスの予言は外れているといっても良い。しかし，現実には広範に栄養不良人口が存在し，しかも地域的に偏りがある。すなわち，食料の生産量より，分配が問題となっているのである。

[8] FAOの *Food Balance Sheet* による。

第11章　世界の人口と食料問題

表11-3　18歳以上の肥満率（2016年）

地域	割合（％）
世界	13.2
アフリカ	11.8
サブサハラアフリカ	8
アジア	7.3
南アジア	5.2
日本	4.4
北米	36.7
中南米	24.1
オセアニア	28.9
ミクロネシア	46.8
ヨーロッパ	25.4

資料：JAICAF『世界の安全保障と栄養の現状2018』2018.

もうひとつ，分配の問題の典型例を示そう。表11-3によると，世界平均で18歳以上の13.2％が肥満である。先に世界の9人に1人が栄養不良で苦しんでいると述べたが，同時に7～8人に1人が肥満に「苦しんでいる」ことになる。こちらも地域差が激しく，北米では36.7％と3人に1人が肥満である。オセアニアやヨーロッパの他の先進国も4人に1人が肥満である。日本は先進国の中では例外的に肥満率が低く，4.4％の低水準である[9]。

では，なぜまさに「飢餓と飽食」の併存が生じたのであろうか。そのひとつの鍵となるのが，先進地域と開発途上地域における食事エネルギー摂取量に占める動物性食品の割合の差である。表11-4はアメリカ，日本，ナイジェリアにおける食事エネルギー摂取量と動物性食品からのエネルギー摂取量を比較したものである。これを見るとアメリカの食事エネルギー摂取量は際立って高く，かつ動物性食品からのエネルギー摂取量の割合が26.7％と高いことがわかる。ナイジェリアの食事エネルギー摂取量自体は2,700kcalと日本と大差ないが，動物性食品からのエネルギー摂取量の割合は日本の5分の1以下である。

動物性食品は経済学では上級財に分類される。すなわち，所得が上昇すると需要が増える性質を持っているので，所得が高い先進諸国の消費量が多くなる。これらは飼料穀物を媒介として，生産される。例えば，第2章で指摘されていたように，食肉1kgの生産に必要なとうもろこしの必要量は，日本の場合，牛肉が11kg，豚肉7kg，鶏肉4kgである。そのため，穀物の用途別消費

9）ミクロネシアの肥満率が高いのは，第2次世界大戦後に食生活が脂肪の多いアメリカ風になったことと，太っていることを是とする文化があるためと考えられる。

表11-4　食事エネルギーに占める動物性エネルギー（2013年）

国　名	食事エネルギー摂取量（kcal/人/日）	動物性エネルギー摂取量（kcal/人/日）	動物性エネルギー摂取率（％）
アメリカ	3,682	984	26.7
日本	2,726	547	20.1
ナイジェリア	2,700	103	3.8

資料：FAO, *Food Balance Sheet* より作成.

量を見ると，世界で40％が家畜の餌となる飼料用として消費されており，食用は60％にとどまっている。このように，一般に所得が上昇するにつれ，人間は食肉など畜産物という形で穀物を間接的に消費するようになってきたのである。

しかも，飼料用の穀物代金に家畜の育成費用が加わるため，畜産物の1 kcal当たり支出額（カロリー単価）は高くなる。そのため，所得が低い国では畜産物を購入するのが困難になるという格差が生じることにもなった。

参考文献
茬開津典生『「飢餓」と「飽食」』講談社，1994.
茬開津典生，鈴木宣弘『農業経済学 第4版』岩波書店，2015.
時子山ひろみ・茬開津典生・中嶋康博『フードシステムの経済学 第5版』医歯薬出版，2013.

◆演習課題

課題1：先進国の中で日本の肥満率が低い理由について調べてみよう。

課題2：世界的に出生率が下がった要因について考えてみよう。

課題3：食料が足りない国に先進国が食料を無償で配ることは良いことなのか議論してみよう。

第11章　世界の人口と食料問題

コラム　持続的な開発目標（SDGs）と飢餓の撲滅

日本で食料安全保障（food security）というと，戦争など万が一の事態が起きたときにも最低限の食料供給を保障することを意味する場合が多い。しかし，国際社会における食料安全保障の概念は少し異なる。本章でも資料とした，国連食糧農業機関（FAO）などが発行している『世界の安全保障と栄養の現状』では，食料安全保障を「全ての人が，いかなるときにも，活動的で健康的な生活に必要な食生活上のニーズと嗜好を満たすために，十分で安全かつ栄養ある食料を，物理的，社会的及び経済的にも入手可能であるときに達成される状況（外務省訳）」と定義している。「いかなるとき」とあるように，いざというときではなく，栄養不良に苦しむ人々の今を救うことが問題なのである。

2001年に策定されたミレニアム開発目標（Millennium Development Goals：MDGs）では，2015年までに1990年比で飢餓人口を半減させることが目標となり，これはおおむね達成された。

MDGs の後継として定められたのが持続可能な開発目標（Sustainable Development Goals：SDGs）である。これは，2015年9月25日第70回国連総会で採択された「持続可能な開発のための2030アジェンダ」の中に明記されている。

この中で，発展途上国と先進国が共通で取り組む，2016年から2030年までの国際目標17（SDGs）と169のターゲットが定められた。SDGs に法的拘束力はないが，各国には目標達成に向けた国内的枠組みを作ることが期待されている。

このうちの「目標2（SDG 2）」は「飢餓を終わらせ，食料安全保障及び栄養改善を実現し，持続可能な農業を推進する（外務省訳）」としている。この目標は，2030年までにあらゆる形態の飢餓と栄養不良に終止符を打ち，子どもや社会的弱者をはじめとするすべての人が1年を通じて栄養のある食料を十分に得られるようにすることを狙いとしている。

17の開発目標（SDGs）
資料：国際連合広報局，日本の国際連合広報センターによる日本語版．

12 世界の食料貿易

サマリー

21世紀に入り，世界の食料貿易は大きく変化した。供給面ではブラジル，アルゼンチンの生産力が伸び，南米が最大の食料輸出基地としての地位を確立した。需要面では中国が急速に輸入を拡大し，日本を抜いて最大の食料純輸入国となった。農産物は貿易率が低く，価格変動の脅威にさらされている。食料を大量に輸入している日本としては，輸入先を多角化することが望ましいが，現実はどうなっているのであろうか。

1 農産物貿易の現状

世界の農産物貿易の現状を地域別の農産物純輸出額[1]という視点から検討すると，1990年代半ば以降，南米が北米を抜いて恒常的に世界最大の農産物純輸出地域になっている（図12-1）。対照的なのがアジアで，一貫して最大の農産物貿易赤字地域である。特に2003年以降赤字幅が拡大している。このように，世界の農産物貿易は南米の純輸出地域とアジアの純輸入地域という2極構

1) 農産物純輸出額＝農産物輸出額－農産物輸入額。プラスのときは農産物貿易が黒字，マイナスのときは赤字を意味する。

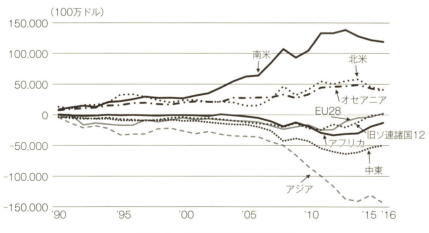

図12-1　地域別農産物純輸出額

資料：United Nations, *Commodity Trade Statistics*.

第12章　世界の食料貿易

造になっている。

アジアが純輸入地域なのは，日本と中国という2大純輸入国が含まれているからである。2011年まで日本は世界最大の純輸入国であったが，それ以降は中国が日本を抜いて最大の純輸入国になっている（図12-2）。2016年のアジアの純輸入額は1,436億ドルであるが日本と中国の純輸入額の合計は977億ドルで68％を占めている。

農産物純輸出額が大きいと言っても様々なパターンがある。輸出額が大きく，輸入額が輸出額と比較して極端に小さい場合はわかりやすい。しかし，農産物貿易全体の金額が大きくて，輸出額と輸入額がさほど違わなくても差し引いた絶対額が大きくなる場合がある。そこで，純輸出額だけでなく純輸出比率[2]を同時に比較すると，同じ純輸出国（純輸入国）と言ってもパターンの違いがあることがわかる（図12-3）。

世界で最大の純輸出国はブラジル（603億ドル）で，第2位が同じ南米のアル

2）純輸出比率＝（輸出額－輸入額）÷（輸出額＋輸入額）

これは，分母が全貿易金額で分子が純輸出額になる。輸出に特化している場合（輸入額＝0）は1となり，輸入に特化している場合（輸出額＝0）は－1となる。輸出と輸入が均衡している場合（輸出額＝輸入額）は0である。

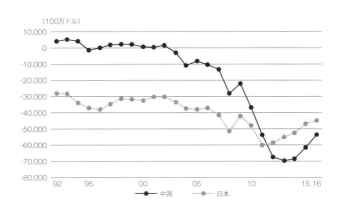

図12-2　日本と中国の農産物純輸出額
資料：United Nations, *Commodity Trade Statistics*.

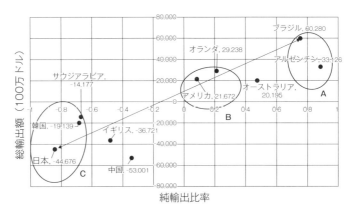

図12-3　主要国の農産物貿易パターン（2016年）
資料：United Nations, *Commodity Trade Statistics*.

ゼンチン（331億ドル）である。この2国とも純輸出比率が0.75以上で輸出に特化していることがわかる。

南米2カ国と対照的なのが日本で，中国に次ぐ純輸入額を計上していると同時に，純輸出比率が−0.84と極端に輸入に特化していることがわかる。日本ほどではないが，韓国やサウジアラビアも日本と同じパターンを示している。

世界第4位の純輸出国であるアメリカは純輸出比率が0.08と0に近く，輸出額と輸入額が拮抗しているが貿易金額が大きいため，差額の純輸出額も大きくなっている。

2 基礎的農産物の生産・消費と貿易

ここまでは農産物全体を集計した貿易について述べてきたが，ここからは人間が生活するうえで基礎となる農産物にしぼって考察する。

現代人の食料事情を考えるうえで重要なのは，3大穀物（小麦，米，とうもろこし）と大豆である。穀物は人間のエネルギー源であると同時に家畜飼料にもなる。

大豆は日本人にとって豆腐，納豆，しょうゆなどの食品用原料として重要なものであるが，世界的には大豆油を絞るための搾油用としての用途がほとんどである。一般に経済発展が進み，1人当たりの所得が上昇すると植物油の消費が増えていくので，基礎的な農産物である[3]。また，大豆油を絞った残りカスの大豆ミールはたんぱく質が豊富なため，家畜飼料としての需要が高い。

直接人間の口に入ることに加え，家畜の飼料から食肉に変換されるということで，間接的にも消費されるという意味で基礎的農産物は重要なのである。

ところで，経済学には有名なペティ＝クラークの法則[4]というものがある。これは「経済が発展するにつれて，第一次産業，特に農業部門の割合が相対的に低下する」というもので，世界中で普遍的に観察される現象である。この法則を考えると，発展途上国が第1次産業中心で，先進国は第2次・第3次産業中心の経済構造になるので，基礎的食料の輸出は途上国が中心で，輸入しているのは主に先進国と考えがちである。しかし，実態は必ずしもそうではない。

（1）小　麦

小麦の主要生産地はアジアとヨーロッパで，この2地域で世界生産量の72%を占める。アジアの中では中国とインドの生産量が大きく，2カ国でアジア全体の78%になる。また，消費量が多いのもこの2地域である（表12-1）。

純輸出量で見るとヨーロッパが最も大きく，北米がこれに次ぐ。しかし，最

3）所得が増えると需要が増える財を上級財（正常財）と呼ぶ。

4）ウィリアム・ペティ（1623〜1687年）とコーリン・クラーク（1905〜1989年）という2人の経済学者の名前を冠した法則。

表12-1 小麦の需給と純輸出入量（2014〜2016年平均）

(100万t)

	生産量	消費量	純輸出入量
世界合計	741.0	717.8	0.0
北米	87.6	40.8	42.5
中南米	28.1	38.9	▲10.2
オセアニア	28.1	8.4	18.2
アジア	280.6	311.4	▲48.0
中東	39.4	60.1	▲19.7
ヨーロッパ	253.1	185.0	66.1
アフリカ	24.1	72.8	▲48.6
中国	129.7	115.6	▲3.3
インド	89.8	93.1	▲0.5

資料：農林水産政策研究所『2027年における世界の食料需給見通し』2017.

大の生産地域であるアジアはアフリカと並んで純輸入量が多い地域になっている。国別で見ても中国は生産量が多いが、人口が多く、国内消費量も多い。その結果、むしろ純輸入国になっている。このように、大生産国が必ずしも純輸出国とは限らない。この点は他の作物も同様である。

（2） 米

米は生産・消費とも地域的な偏りがある。世界の生産量の89.6％、消費量の85％がアジアである。純輸入地域は小麦と同様アフリカである。

国別で見ると、中国は世界最大の生産国だが消費量も多く、小麦同様、純輸入国になっている。国別の純輸出量ではインド、タイ、ベトナムが上位を争っている（表12-2）。

（3） とうもろこし

とうもろこし[5]はメキシコやアフリカの一部では食用で消費されるが、世界的には家畜の飼料用の他、でんぷん（コーンスターチ）、コーン油、及び異性化糖[6]などの食品工業用が主で、アメリカではバイオエタノール用原料としても使われている[7]。

とうもろこしは他の基礎的農産物と異なり、中東を除けば世界中で生産されている。生産量が多いのは北米とアジアであるが、アジアは消費量も多いため、最大の純輸入地域になっている。この他、アフリカ、中東も純輸入地域である。純輸出量が多いのは北米で、次に中南米である。

国別の生産量では、アメリカと中国が圧倒的で、2カ国で世界の57％を占め

---

5) とうもろこしはアメリカやカナダではcorn、イギリスではmaizeと呼ばれる。cornはイギリスでは小麦、大麦などを含めた穀物全体を意味する。誤解を与えないようにするにはmaizeのほうが無難かもしれない。国連の専門機関である国連食糧農業機関（Food and Agriculture Organization of the United Nations：FAO）ではとうもろこしをmaizeと標記している。

6) 異性化糖は甘味料としてソフトドリンクに砂糖の代わりに使われる。1960年代に日本で開発された。

7) 日本は毎年とうもろこしを約1,500万t輸入する世界最大のとうもろこし輸入国である。これらは全て家畜の飼料用であり、農林水産省の分類では「穀類」に含まれる。街中で見かける焼いたり茹でたりして食べるとうもろこしは「スイートコーン」と呼ばれ、未成熟の状態で食用にされる。スイートコーンは野菜のうちの「果菜類」に分類されていて、ほとんどが国産である。

表12-2 米（精米）の需給と純輸出入量（2014〜2016年平均）

(100万 t)

	生産量	消費量	純輸出入量
世界合計	478.5	474.2	0.0
北米	6.8	4.4	2.2
中南米	17.9	19.3	▲1.3
オセアニア	0.4	0.4	0.0
アジア	428.9	403.8	20.6
中東	2.4	9.1	▲6.5
ヨーロッパ	2.8	4.7	▲1.9
アフリカ	19.4	32.3	▲13.0
インド	106.0	96.1	11.0
タイ	17.9	10.4	9.6
ベトナム	27.9	22.4	5.5
中国	145.6	141.9	▲4.7

資料：農林水産政策研究所『2027年における世界の食料需給見通し』2017.

表12-3 とうもろこしの需給と純輸出入量（2014〜2016年平均）

(100万 t)

	生産量	消費量	純輸出入量
世界合計	1,019.1	1,015.1	0.0
北米	376.5	317.6	49.1
中南米	158.4	138.0	19.8
オセアニア	0.7	0.7	0.0
アジア	291.0	344.7	▲47.0
中東	8.5	24.7	▲16.6
ヨーロッパ	115.5	100.7	15.1
アフリカ	68.5	88.7	▲20.4
アメリカ	363.8	304.8	49.4
ブラジル	83.0	58.4	26.0
アルゼンチン	33.3	9.8	22.7
中国	220.0	230.0	▲3.0

資料：農林水産政策研究所『2027年における世界の食料需給見通し』2017.

ている。アメリカは最大の純輸出国だが，中国は消費量が上回るため，純輸入国になっている。ブラジルとアルゼンチンの生産量は2カ国で世界の11％だが，消費量が少ないため，純輸出量では2カ国合計でアメリカに匹敵する量になっている。ブラジルは21世紀になってから急速に生産量が増え，輸出国に転換した（表12-3）。

表12-4 大豆の需給と純輸出入量（2014～2016年平均）

（100万t）

	生産量	消費量	純輸出入量
世界合計	328.8	317.7	0.0
北米	116.6	57.3	56.5
中南米	176.5	104.0	66.6
オセアニア	0.0	0.0	0.0
アジア	23.7	122.8	▲101.2
中東	0.3	5.4	▲5.1
ヨーロッパ	9.5	23.4	▲13.9
アフリカ	2.1	4.8	▲2.8
ブラジル	102.6	44.0	55.2
アメリカ	110.3	54.8	52.6
アルゼンチン	58.7	47.3	8.8
中国	13.0	96.0	▲84.8

資料：農林水産政策研究所『2027年における世界の食料需給見通し』2017.

（4）大豆

　大豆の生産量はアメリカ大陸が世界の89％を占め、地域的に偏りがある。消費量はアジアが最も多い。その結果、アジアが最大の純輸入地域で、南北アメリカが主要な輸出地域である。アジアの純輸入量が最大なのは、中国が大幅な輸入超過になっているためで、アジアの純輸入量の67％を占めている（表12-4）。

　実は近年の世界農産物貿易構造の変化を典型的に表しているのが大豆である。輸出を見ると、1977年度には南米からの輸出は少なく、アメリカが85％と圧倒的なシェアを占めていた。しかし、その後ブラジルとアルゼンチンからの輸出が急速に増えていき、両国の合計が2003年度に初めてアメリカを上回った。このように、21世紀に入ってから、アメリカへの1極集中からブラジルとアルゼンチンを中心とする南米という2極構造に変化している（図12-4）。

　次に輸入を見ると、中国の輸入量が急増し、全世界の大豆輸入量の実に65％を占めており、中国への1極集中が進んだことが特徴である（図12-5）。全世界の大豆輸入量の増加は中国の輸入量増加と等しいと言っても過言ではない。中国は2001年に世界貿易機関（World Trade Organization：WTO）（p.121参照）に加盟する際に、主食となる小麦やとうもろこしの生産を優先して大豆の自給を放棄したため、21世紀になり輸入が加速した。

　以上見てきたように、3大穀物（小麦・とうもろこし・米）と大豆貿易では、

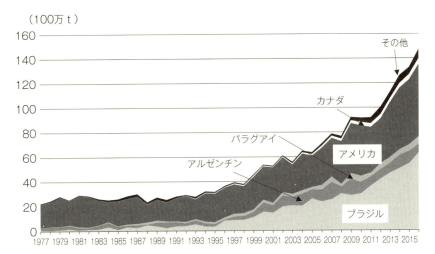

図12-4　世界と主要国の大豆輸出量の推移
資料：アメリカ農務省（USDA），PS&D Online より作成．

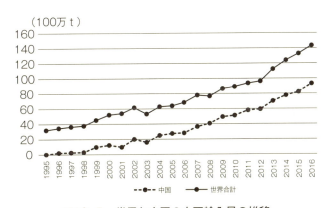

図12-5　世界と中国の大豆輸入量の推移
資料：アメリカ農務省（USDA），PS&D Online より作成．

基本的に先進国から輸出され，アフリカのような栄養不足人口が多い開発途上国が輸入しているという構図になっている。つまり，先進国は日本を例外として，工業国かつ農産物輸出国と言える。開発途上国の栄養不足は，所得水準の高い先進国が開発途上国から基礎的農産物の多くを輸入していることによって生じているわけではない。

3　農産物の貿易率と価格変動

　農産物貿易固有の特徴として，工業製品などと比較して生産量に対する貿易量の割合（貿易率）が低いという点があげられる（表12-5）。穀物では特に米の貿易率が低く，8.4％しかない。これは，生産されたものが主に自国内で消

第12章 世界の食料貿易

表12-5 主要農産物の貿易率（2015年）

区分	貿易率（％）
穀物	15.4
小麦	23.5
大麦	20.5
とうもろこし	12.6
米	8.4
油糧種子	
大豆	42.2
なたね	20.9
食肉	
牛肉	15.9
豚肉	6.5
鶏肉	11.6

注：貿易率＝貿易量÷生産量
資料：農林水産省『海外食料需給レポート　2016』2017.

費されているためで，輸出されるのは余ったもの（残差）という意味合いが強い。このため，「薄い市場（thin market）」と呼ばれている。

　貿易率が低いということは，気象条件の悪化などによる生産量の減少が輸出量の低下を招き，価格が大きく変動することにつながる。その例が2007～2008年にかけての食料価格の高騰である。

　このときには2006年1月を基準にとると，ピーク時の価格は，小麦が4倍（2008年2月），とうもろこしが2.8倍（2008年2月），米が3.5倍（2008年5月），大豆が3.6倍（2008年6月）に急騰した。

　背景には第一に天候の影響がある。小麦を例にすると，まず主産地であるオーストラリアでは2006～2007年の2年連続で干ばつが発生した。2007年のヨーロッパも天候不順で不作になり，飼料用小麦が不足した結果，同じ飼料用に使われるとうもろこし価格も上昇した。当時は10カ国以上が小麦の輸出を禁止している。

　このときの価格高騰は天候以外にも投機資金の流入が要因としてあげられる場合もあるが，どの程度価格上昇に影響したかは定かではない。いずれにしても，基礎的な食料のような必需品は供給量の変化に対して，価格が大きく変動するリスクを抱えており，いつ2008年の価格高騰が再現するかはわからないことは確かである。

4 わが国の農林水産物輸入先の変化

　この10年間で日本の農林水産物の輸入は，金額ベースで9.5％増加した。輸入先上位5カ国は一部順位の入れ替わりがあったものの，変化していない（表12-6）。伸び率で見ると，タイが83.5％と最も高く，順位を5位から3位へ上げ，シェアも上昇した。中国もタイに次ぐ伸びでシェアもわずかながら上昇させている。

　これに対して，アメリカは最大の輸入先であることに変わりはないが，シェアは31.1％から18.3％へと大幅に低下した。また，上位5カ国のシェアも64.1％から49.0％へと低下し，輸入先国の多様化が進んだことがわかる。

　次に，米を除く基礎的農産物の輸入先で見ると，一部の国への集中度が高いことは変わらない。上位3カ国の集中度を見ると，小麦ととうもろこしはわずかに下落しているが，大豆は逆に上昇している（表12-7）。

　アメリカのシェアはいずれの品目でも低下している。特にとうもろこしが著しい。注目されるのはブラジルで，とうもろこしと大豆でシェアが上昇し，ア

4 わが国の農林水産物輸入先の変化

表12-6 農林水産物の主要輸入相手国（2007年と2017年）

(億円)

		アメリカ	中国	タイ	カナダ	オーストラリア	その他	合計
2007年	輸入金額	17,205	6,945	3,103	3,387	4,802	50,132	85,574
	シェア	31.1%	12.6%	5.6%	6.1%	8.7%	35.9%	100.0%
2017年	輸入金額	17,116	12,110	5,694	5,627	5,386	47,799	93,732
	シェア	18.3%	12.9%	6.1%	6.0%	5.7%	51.0%	100.0%
	伸び率	−0.5%	74.4%	83.5%	66.1%	2.2%	−4.7%	9.5%

資料：農林水産省『農林水産物輸出入概況』2003, 2017.

表12-7 基礎的食料の輸入相手国の変遷（1999年と2017年）

(%)

	小麦				とうもろこし				大豆			
	1999年		2017年		1999年		2017年		1999年		2017年	
	輸入金額 1,223億円		輸入金額 1,715億円		輸入金額 2,146億円		輸入金額 3,458億円		輸入金額 1,364億円		輸入金額 1,735億円	
1位	アメリカ	52.2	アメリカ	50.4	アメリカ	95.4	アメリカ	79.1	アメリカ	78.1	アメリカ	71.6
2位	カナダ	29.2	カナダ	30.7	アルゼンチン	2.9	ブラジル	14.1	ブラジル	10.2	ブラジル	13.8
3位	オーストラリア	18.6	オーストラリア	17.5	中国	0.7	南アフリカ	3.3	カナダ	4.9	カナダ	13.0
4位			ウクライナ	0.5	EU	0.2	ロシア	1.4	中国	4.7	中国	1.7
5位			ロシア	0.4	ブラジル	0.0	ウクライナ	1.1	パラグアイ	1.5	パラグアイ	0.0
	その他	0.0	その他	0.5	その他	0.9	その他	0.9	その他	0.7	その他	0.0
	上位3カ国	100.0	上位3カ国	98.6	上位3カ国	99.0	上位3カ国	96.5	上位3カ国	93.2	上位3カ国	98.4

資料：農林水産省『農林水産物輸出入概況』2003, 2017.

メリカに次ぐ輸入先になっている。

このように，輸入先上位の国の集中度は変わらないものの，その中のシェアは変化しており，多様化が進んでいるといると言える。また，とうもろこしと大豆に関しては南米のシェアが高まり，北半球と南半球という輸入先の地域の分散化が進み，気象変動に対するリスクが低下する効果を生んでいる。今後とも相当の食料を輸入に頼らざるをえない日本にとっては，輸入先の多様化を進めるということが非常に重要な課題である。

参考文献

生源寺眞一『新版 農業がわかると，社会のしくみが見えてくる』家の光協会，2018.
農林水産省『海外食料需給レポート』各年版.
農林水産省『農林水産物輸出入概況』各年版.
農林水産政策研究所『2027年における世界の食料需給見通し』2017.

第12章 世界の食料貿易

◆演習課題
課題1：自分の好きな食品（農産物）がどの国から輸入されているか調べてみよう。
課題2：南米が世界最大の農産物純輸出地域になった要因について考えてみよう。
課題3：中国の農産物輸入は今後とも拡大し続けていくのか議論してみよう。

コラム　ブラジルを食料大国にしたアメリカの大豆禁輸

　ブラジルは世界第1位の農産物純輸出国であり、最大の輸出品目は大豆である。主として作付されているのは、2億haにわたって内陸に広がるセラードである。セラードは植生のひとつで酸性土壌であるため、かつては農業生産にはまったく利用されていなかった。しかし、土壌改良さえすればきわめて農業に適していることがわかり、1970年代以降急速に農地開発が進んだ。現在ではブラジルの大豆の約60％がセラードで生産されている他、とうもろこし、綿花、コーヒー、サトウキビの生産も拡大し、ブラジル最大の農業地帯へと変貌している。

　セラードが開発されるきっかけとなったのは、アメリカの大豆禁輸である。1972年3月から約1年間、ペルー沿岸の海面水温が高温のまま持続する大規模なエルニーニョが発生した。この影響でカタクチイワシの一種であるアンチョビの漁獲量が激減した。当時、アンチョビの魚粉は主としてヨーロッパに家畜飼料として輸出されていたが、ヨーロッパの畜産農家は大豆ミールをアメリカから輸入することでアンチョビに代替することになり、シカゴの大豆先物相場が急騰した。そのため、ニクソン政権は1973年6月27日に大豆の輸出禁止措置を発表した。

　当時の日本の大豆自給率は3％で、しかもその輸入量の92％をアメリカに依存していたため、日本国内はパニックになった。しかし、1973年産の大豆が豊作になることが確実になり、アメリカ政府は9月8日に輸出禁止措置を解除した。結果的に、大豆の禁輸は約70日という短期間で終了したのだが、日本が食料安全保障上、大豆輸入先の多様化を考える端緒になった。そこで注目されたのがブラジルのセラードである。

　1974年9月、当時の田中角栄首相がブラジルを訪問してガイゼル大統領とセラード農業開発について合意し、1979年から日本・ブラジル共同の「日伯セラード農業開発協力事業」が始まり、2001年に終了するまで20年以上にわたり実施された。この事業により、セラードでも大豆生産が可能であることが明らかになると、ブラジル全土から農家がセラードに入植し、現在のような大産地になった。結局、皮肉にもアメリカの輸出禁止措置がアメリカを越える大豆生産地をブラジルに産み出すことになったのである。

13 食料をめぐる貿易問題

サマリー

　先進国の農業保護により農産物過剰が深刻化し，ガット・ウルグアイ・ラウンド（UR）において，初めて農業が多角的貿易交渉の場で主要テーマとして取り上げられた。紆余曲折を経ながらも UR 農業交渉はまとまり，ガットは WTO へと発展した。しかし，参加国が拡大した WTO は先進国と途上国との間で意見の対立が激しく，事実上機能不全に陥っている。この状況下で世界の関心は FTA の締結に向かっている。

1 ガットからWTOへ―多角的貿易交渉の流れ

（1） ガットの誕生と日本

　経済学では自由な競争により，土地，労働，資本など，有限な生産資源が効率的に配分されることを明らかにしている。これを1国内だけでなく，貿易にまで拡大したのが，自由貿易の理論である。これは政府が貿易にいっさい干渉しないことで，分業の利益により，貿易に参加する全ての国が利益を受けるという考え方である。このとき，同一の財については国内外を問わず，同じ値段になる。これを「一物一価」と言う。しかし，現実には完全な自由貿易は存在せず，様々な形で政府の介入が行われてきた。特に，1929年に世界大恐慌が発生した際は，各国が輸入制限をし，輸入品に税金（関税）をかけて自国を保護しようとしたため，不況が悪化する事態を招いた。

　この反省の下に，自由貿易の促進を目的として第2次大戦後の1948年に発足したのがガット「関税と貿易に関する一般協定（General Agreement on Tariffs and Trade：GATT）」である。ガットは，通商上の差別や輸入制限，高い関税などの輸入制限を取り除くことを目的として，多数の国が参加して自由貿易へ向けた手段を話し合う場（ラウンド）を持ち，1947年以降，8回のラウンドが実施された。1994年に終了した最後のラウンドがガット・ウルグアイ・ラウン

第13章　食料をめぐる貿易問題

ド（UR）である。「協定」とあるように，ガットは協定であって組織ではない。

ガットの3原則は自由貿易，無差別原則，多角主義である。このうち，無差別原則には最恵国待遇と内国民待遇がある。最恵国待遇とは，どこかの国に有利な条件を与えた場合，それをすべての相手国に無差別・平等に与えることである。内国民待遇とは自国民や自国産品と同じ権利を相手国民や相手国産品に無差別に与えることである。多角主義とは，多数の国で広い分野で貿易自由化の交渉をすることを意味する。

ただし，農産物の貿易交渉は各国とも国内的に難しい条件を抱えており，大部分はガットの枠組みの外で行われた。農産物がガットの場で本格的に取り上げられたのは，第8回のURにおいてである。

（2）　先進国の農業保護の理由とその手段

日本に限らず，一般的に先進国でも農業保護が行われている。経済成長に伴い，経済全体における農業の比重は低下し[1]，農業の1人当たり所得は非農業就業者に比べて低下するという産業間所得格差が生じる。長期的には農業部門から非農業部門へ労働力を移動させれば，両部門間の1人当たり所得は均衡するが，短期的に労働力の移動はできないので不均衡が残る。これは「産業間の調整問題」と呼ばれるものである。

このため，農村部の社会的安定を保つためや，政治的な支持を得るために，農産物価格を高く支持し，各種の国境保護措置も行って，自国の農業に対する保護政策を実施することが多い。

（3）　国内農業保護の具体的政策手段

先進国の主要な農業保護の手段としては，輸入制限，不足払い，関税の3種類がある。輸入制限は，輸入の禁止，もしくは，輸入の最大数量を定めるものである。この数量を「輸入割当（Import Quota：IQ）」と言う。

不足払いは，輸入は自由にして，生産者に国際価格より高い政策的価格（目標価格）を保証し，国際価格との差額を政府が生産者に支給する方式である。国内価格は国際価格と同じなので，国内外の一物一価が成立する。しかし，高めの目標価格に誘導されて，国内生産が増加し，その分輸入が減少するので実質的に輸入制限と同様の効果を持つ。また，国内で供給が需要を上回るので，大量の過剰農産物が発生する恐れがある。

最後の関税は最も基本的な保護の手段である。これは，輸入品に課税することにより，輸入価格を高くし，実質上輸入量を制限する方式である[2]。関税は産業保護の手段として，農産物だけでなく工業製品にも広く適用されている。

1）ペティ＝クラークの法則という（p.109参照）。

2）これには，輸入価格に一定の率をかける従価税と，輸入量1単位当たりに課税する従量税がある。

2　UR合意以前の日本の農産物市場開放の歴史

（1）　日本の国際化と農産物の自由化

　日本は1955年にガットに加盟した。これにより，日本は工業製品の輸出市場の拡大に成功し，国際収支が改善した。これは高度経済成長の原動力となり，日本はガット最大の受益国のひとつとなった。対照的に，1950年代後半から戦後の世界経済を牽引してきたアメリカは国際収支が悪化したため，日本に対する輸入自由化圧力を高めていった。

　このため，日本政府は1960年6月に「貿易為替自由化大綱」を閣議決定し，貿易自由化を促進することにした。日本の農産物は主として輸入数量制限によって守られてきた。しかし，1963年2月に日本はガット11条国[3]へ移行したため，輸入数量制限を続けることはガット違反となり，農産物の輸入自由化に応じざるをえなくなった。こうして1960年代以降，生鮮野菜，大豆，バナナ，粗糖，レモンなどIQ品目が次々と自由化されていった。

　その結果，農産物のIQ品目は急速に減少し，1964年には73あったIQ品目が，1974年には22品目にまで減少した。その後，しばらくはIQ品目の減少がない時期が続いた。次に市場開放要求が押し寄せたのは，1980年代後半である。背景にはアメリカの貿易赤字の拡大があった。

[3]　ガット11条の「数量制限の一般的廃止」では，関税や課徴金以外のいかなる数量制限も原則禁止している。日本はガット加盟直後には外貨不足を理由に輸入制限を認められていた。

（2）　牛肉・オレンジの輸入自由化

　日本にとって主要品目である牛肉・オレンジに関しては，アメリカと2度にわたって交渉が行われ，輸入数量枠の拡大という形で合意していた。しかし，1988年の3度目の交渉で，アメリカはIQの撤廃という完全自由化を要求し，日本政府もこの要求を全面的に受け入れることで合意した。この結果，牛肉・オレンジについては3年後の1991年から，オレンジ果汁は1992年から自由化されることになった。

　このときに牛肉のIQ撤廃の代替措置として，牛肉の25％の関税率を1991年度に70％に引き上げ，その後，1992年度60％，1993年度50％と段階的に引き下げることが決まった。この手法は後に述べる，URにおける「包括的関税化」の先駆けとなった[4]。

[4]　岸康彦『食と農の戦後史』日本経済新聞社, 1996, p.294.

3 ガット・ウルグアイ・ラウンド(UR)合意

(1) UR農業交渉の背景

1986年，ガットのURが開始され，ガットの場で初めて本格的に農業保護の削減が主要な議題として取り上げられることになった。

主要先進国は国内農業を保護した結果，1980年代に世界的に農産物の過剰に悩むようになった。その対策として，当時のECとアメリカ双方が補助金による輸出促進政策を取ったため，世界の農産物市場は混乱した。また，先進国といえども農業保護の財政負担に耐えられなくなっていた。このため，農業保護の削減が共通の議題として浮上してきたのである。

UR交渉は開始から8年という時間を経て，1993年に妥結した。時間がかかったのは，主要課題である農業交渉でECとアメリカが対立し，難航したためである。

(2) UR農業合意における新しいルール

UR農業合意は市場アクセス，国内支持，輸出競争の3分野に関するもので，1995～2000年までの6年間に保護水準を引き下げることを約束したものである。日本は輸出補助金を使用していなかったので，ここでは最初の2分野について合意の内容を説明する。

市場アクセスに関しては，関税を農産物全体で平均36％削減することになった。関税以外の輸入数量制限なども全て関税に置き換え，関税と同様に削減する。これを「包括的関税化」と言う。

次の国内支持に関しては，総合的計量手段（Aggregate Measurement of Support：AMS）という指標を使い，1986～1988年の水準を基準として，総額の20％を毎年削減する約束になった[5]。これは国際協定が各国の国内政策を拘束することを意味している。

(3) 米の関税化

日本にとってUR農業交渉での最大の争点は，米の関税化であった。当時，米の関税化は日本の稲作農業を崩壊させるものとして，農業団体のみならず，地方自治体，消費者団体までが反対運動を繰り広げるなど政治問題化した。UR農業交渉で最後に残っていた問題が日本の米であった。

最終的に，日本は細川内閣のもとで，1993年12月14日に米の「部分開放」を

5）AMSというのは，全ての農業部門に対する補助の大きさを金額で示したもの。ただし，生産量の増加に直接つながらない補助金は含まれない。

決定した。これは、米の関税化を1995〜2000年まで6年間猶予してもらう特例措置の代償に、ミニマム・アクセスという低関税の最低輸入量を拡大するというものである[6]。しかし、特例措置の代償としてのミニマム・アクセスの加重に歯止めをかけるため、日本は特例措置猶予期限以前の1999年4月1日から関税化に移行した。この結果、国内消費量の7.2%（77万t）のミニマム・アクセスが残ることになった。

[6] 関税化しない場合には、1995年度に国内消費量の4％を輸入。以後毎年0.8％ずつ増やし2000年度には8％。関税化した場合は1995年度3％、以後毎年0.4％ずつ増やして2000年度に5％であるから、このミニマム・アクセスの増加量は関税化した場合よりも加重されている。

4 WTO下における農業保護政策の変化

(1) WTOの設立

1995年、ガットに代わる世界貿易機関（World Trade Organization：WTO）が新たに発足した。ガットは成立した個々の協定の総称で、正式な国際機関ではなかったが、WTOは国際組織で本部もジュネーブにあり、4つの理事会を持つ[7]。また、裁判所のような紛争処理制度[8]が充実したのが大きな特徴である。

1993年に決着したUR農業交渉の合意内容は1995年のWTO農業協定として結実し、WTO加盟国の農業政策は全てこの協定に制約されることになった。

2001年からカタールのドーハでWTO初のラウンド（ドーハ・ラウンド）が開始された。しかし、輸入農産品にかける関税引き下げをめぐり交渉は難航し、2011年に全体合意が断念された。

ガット農業交渉までは、EUとアメリカの間で妥協が成立すれば交渉全体がまとまったが、WTOでは国の数が増え、途上国の発言力（特に中国、インド、ブラジルなど）が強くなり、交渉をまとめることが困難になったことが背景にあった。

[7] ガットは国際機関ではなかったが、事務局はジュネーブにあった。

[8] 紛争処理小委員会（パネル）と上級委からなる2審制である。

(2) WTO農業協定における農業保護削減のルール

WTO農業協定では、農業に対する財政支出を、信号機のように赤・黄・緑の3種に分類している。

赤の政策：禁止（輸出補助金など）
黄の政策：削減対象（AMSに参入）、貿易歪曲（わいきょく）的農業政策。緑の政策に転換する必要。
緑の政策：削減対象から除外。世界農産物市場において自由な取引を妨げない政策。政府による研究、普及。農業生産拡大に直接結びつかない形での農業生産者への所得支持[9]。

[9] これは「デカップリング（decoupling）」と呼ばれ、農業者への補助を農業生産と切り離すことを言う。

このルールに基づき，主要国は市場を歪め農業保護政策（黄の政策）を緑の政策に転換し，AMS を削減してきている。しかし，AMS が農業保護水準を測る妥当な尺度であるかには疑問の余地がある。

5 FTA・EPA 締結への動き

（1） FTA・EPA とは

WTO 交渉が中断していることから，近年世界的に自由貿易協定（Free Trade Agreement：FTA）や経済連携協定（Economic Partnership Agreement：EPA）を締結する動きが加速している（図13-1）。

FTA は 2 国間（または数カ国間）で物やサービスの貿易自由化を行う協定であり，EPA は FTA に加え，知的財産の保護など，より幅広い分野を含む協定と日本ではされているが，実際上，FTA と EPA には実質的差はない。

FTA・EPA は協定を結んだ当事者国の間だけで関税を廃止することになるので，ガット・WTO の基本原則である最恵国待遇に反することになる。しかし，WTO ではガット24条において，関税その他制限的通商規則を構成国間の実質上の全ての貿易について廃止することなどの一定の条件の下，関税同盟の組織や自由貿易地域の設定などを最恵国待遇原則の例外として認めている。

他に，開発途上国間の FTA については，ガット・東京ラウンド交渉の際，1979年に「授権条項」と呼ばれている特例が合意されている。授権条項は，一定の要件を満たすことを条件に，発展途上国間の関税・非関税障壁の削減・撤廃を目指す FTA を最恵国待遇原則の例外として認めているものである。

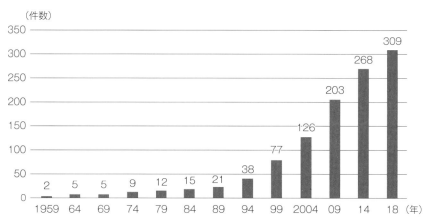

図13-1　世界の FTA 発効件数の推移（累積）
資料：農林水産省『経済連携交渉の状況について（農林水産関係）』2018.

表13-1 日本の発効済み2国間FTA及び地域経済協定

相手国	発効年	月
シンガポール	2002	11
メキシコ	2005	4
マレーシア	2006	7
チリ	2007	9
タイ	2007	11
ブルネイ	2008	7
インドネシア	2008	7
フィリピン	2008	12
スイス	2009	9
ベトナム	2009	10
インド	2011	8
ペルー	2012	3
オーストラリア	2015	1
モンゴル	2016	6
TPP11	2018	12
EU	2019	2

資料：農林水産省『経済連携交渉の状況について（農林水産関係）』2019より作成．

FTAが貿易に及ぼす効果としては「貿易転換効果」と「貿易創出効果」がある。貿易転換効果とは関税の削減・撤廃の効果が締結国内に限定されるため，地域外との貿易が地域内の取引に代替されることを言う。域外国のほうが生産効率が高い場合は，FTA締結以前より経済厚生[10]が低下してしまう。次の貿易創出効果とは，域内国の貿易取引量が拡大する効果を言う。貿易創出効果が貿易転換効果による経済厚生の低下を上回れば世界全体の経済厚生は高まるが，逆の場合には世界の経済厚生は低下することになってしまう。

この他，FTAには協定の域内の産品であることを証明する原産地規則が非常に煩雑になり，WTOでは存在しない余計な費用が生じるという問題がある。

[10] 経済的観点から見た社会全体の幸福度のこと。

（2）日本の2国間FTAの動向

日本のFTAへの取組みはWTOを重視していたため，当初遅れていた。日本が最初に締結した2国間のFTAは，2002年に発効したシンガポールとの間のFTAである。しかし，その後，締結国が増え，2019年1月現在，14カ国との間で2国間のFTAが発効している（表13-1）。

（3）日本をめぐる地域経済協定の現状

2国間FTAからさらに進んだ形として，より広域の地域経済協定（メガFTA）を締結する動きが近年加速している。図13-2は日本をめぐる地域経済統合の現状を示したものである。日本は以下で説明する3つの地域経済統合に積極的に関わっている。これは，受け身の対応を迫られたUR農業交渉時には見られなかった姿勢である。

1）環太平洋パートナーシップ協定（TPP）

環太平洋パートナーシップ協定（Trans-Pacific Partnership Agreement：TPP）の原型は2006年に発効した，シンガポール，チリ，ニュージーランド，

第13章 食料をめぐる貿易問題

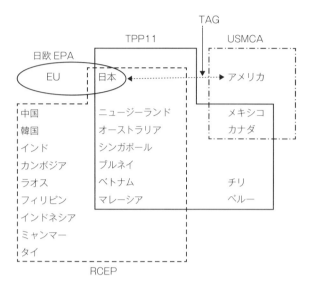

図13-2 日本を取り巻く地域経済協定の構図
　TAGは日米貿易物品協定のことで、2018年に日米間で交渉開始に合意した。TAGはあくまで日本側がつけた名前である。USMCAはアメリカ・メキシコ・カナダ協定のことで、トランプ大統領主導で行われたNAFTAの再交渉で合意した新協定である。
　　筆者作成。

ブルネイの4カ国による包括的な経済連携協定（P4協定）である。その後、拡大を続け、2013年に日本も交渉に参加し、2016年2月に12カ国の閣僚が署名した。しかし、2017年1月にアメリカのトランプ大統領がTPPからの離脱を表明した。その後、日本が中心となって残り11カ国と交渉を続け、2017年11月にアメリカ抜きの「TPP11」[11]を大筋合意し、2018年3月にチリで署名され、12月30日[12]に発効した。日本の関税撤廃率は全品目で95%であるが、農林水産物は82%にとどまった。

TPP11の規模は人口で5億人、2017年のGDPは世界の12%を占める。ただし、アメリカを含む「TPP12」の場合は世界のGDPの36%を占めるはずであったので、経済規模はかなり低下したことは事実である。

11）TPP11の正式名称は「環太平洋パートナーシップに関する包括的及び先進的な協定（Comprehensive and Progressive Agreement for Trans-Pacific Partnership：CPTPP）」である。

12）12月30日に発効したことは、日本にとって大きな意味を持つ。日本以外の国は2019年1月1日に年度が替わるので、初年度はわずか2日間で、3日目から2年目の関税に引き下げることになる。これに対して、日本は4月1日から新年度になるので、他国より3カ月、関税引下げの時期が遅くなる。

日本を含む11カ国はアメリカに復帰を働きかけているが、トランプ政権は2カ国間のFTAの締結を希望している。

2）日欧EPA

日本と欧州連合（European Union：EU）との間のEPA交渉は2013年5月に開始され、2017年7月に大枠合意に至り、2017年12月に両首脳間で交渉妥結を確認し、2019年2月1日に発効した。日本側の関税撤廃率は全体で94%、農林水産品が82%である。

経済規模は人口が6.4億人で世界の8.5%、GDPで世界の27.8%（2017年）を占める。GDP規模はアメリカ、中国を上回り、TPP11の約2倍に当たる。

3）東アジア地域包括的経済連携（RCEP）[13]

東アジア地域包括的経済連携（Regional Comprehensive Economic Partnership：RCEP）は東南アジア諸国連合（Association of South-Asian Nations：ASEAN）10カ国に、日本、中国、韓国、インド、オーストラリア、ニュージーランドの6カ国が加わり、16カ国によるEPAを目指している。2012年11月にASEAN関連首脳会議においてRCEP交渉立ち上げが宣言されて以降、2018年12月までに24回の交渉会合が開催されている。

RCEPはTPP11や日欧EPAより低い貿易自由化率である90%で調整しているが、中国との間に多額の貿易赤字を抱えるインドが自由化率の引き下げを求

めており,交渉は難航している。

RCEPが実現した場合,世界の人口の半分,国内総生産(Gross Domestic Product:GDP)や貿易額の30%をカバーする巨大な自由貿易圏が誕生することになる。

13) RCEPは「アールセップ」と読む。

参考文献

荏開津典生・鈴木宣弘『農業経済学 第4版』岩波書店,2015.
岸 康彦『食と農の戦後史』日本経済新聞社,1996.
武本俊彦『食と農の「崩壊」からの脱出』農林統計協会,2013.
速水佑次郎・神戸善久『農業経済論 新版』岩波書店,2002.
福田竜一『貿易交渉の多層化と農産物貿易問題』農山漁村文化協会,2010.
山下一仁『TPPが日本農業を強くする』日本経済新聞社,2016.

●演習課題

課題1:香港,アメリカ,中国などにどのような日本の農産物が輸出されているか,農林水産省のHPで調べて,国別の違いを見てみよう。

課題2:財務省のHPに掲載されている関税率表を見て,米の関税番号(タリフラインという)がいくつあるか調べてみよう。

課題3:「米は輸入を自由化したほうが国際競争力がつく」と思うか,議論してみよう。

第13章　食料をめぐる貿易問題

コラム　日本からの農産物輸出

　本章では主として日本の農産物の市場開放の歴史を扱ったが，近年，政府は農林水産物・食品の輸出に力を入れており，2019年の輸出額目標を1兆円として，様々な戦略を練っている。その効果があったのか，実際の輸出額は2012年の4,497億円から2017年の8,071億円へと，わずか5年間で8割も増えている。しかし，同年の輸入額は9兆3,732億円であり，圧倒的に輸入超過であることにかわりはない。品目別に見ると，輸出が伸びているのは，アルコール飲料・調味料・清涼飲料水などの加工食品や牛肉などの畜産品である。加工食品の輸出は2017年で2,636億円と全体の33％を占め，畜産品は626億円で8％である。輸出先は香港（1,877億円），アメリカ（1,115億円），中国（1,007億円）が上位を占めている。輸出先上位10カ国のうち，アメリカ・オーストラリア以外はすべて東南アジアであり，地域が限定されている。

　今後の輸出拡大には課題も多い。ひとつは日本で開発された品種の海外への流出である。リンゴの「ふじ」，ブドウの「シャインマスカット」などは苗がアジアに流出して，日本の品種とは知られずに国外で売られていることも多い。韓国産イチゴのほとんどは日本の品種を基に開発されたと言われており，韓国から輸出もされている。日本もきちんと各国で品種登録をしていくこと，加えて産地と結びついた地理的表示（Geographical Indications：GI）[*1]を定着させていくことも大切である。

　輸出に際しては，国によって農産物評価の基準が違うことも考えなければならない。例えば，リンゴの場合，日本ではサイズの大きなものが好まれるが，丸かじりする習慣があるヨーロッパでは，日本では加工用にされる小さなサイズのものが好まれたりする。

　第11章のコラムでは持続可能な開発目標（SDGs）について触れた。これからは日本から輸出される農産物もこの目標に沿ったものであることが求められる。そのためには，農業生産工程管理（Good Agricultural Practice：GAP）[*2]などの国際認証を取得することが有効な手段である。しかし，日本の農家の取得率は極めて低いのが現状である。

　その他，輸出の主力である加工食品のうち，菓子（米菓を除く），みそ，しょうゆや加工食品以外でも小麦粉，たばこなどは原料に輸入農産物が多く使われており，国内農業の振興につながっていないという指摘もされている。しかし，これは食品産業の振興という面からも評価する必要があるだろう。

*1　ある商品の品質・評価が，地理的原産地に由来する場合に，その原産地を特定する表示。条約や法令によって知的財産権として保護される。
*2　農業において食品安全，環境保全，労働安全などの持続可能性を確保するための生産工程管理の取組み（第11章，pp.132-133参照）。

14 食の安全と消費者の信頼

> **サマリー**
>
> フードシステムの深化に伴って，これまでとは質の異なる食品安全問題が顕在化している。政府，農水産業，食品関連産業，そして消費者は，この問題にどのように対応しようとしているのだろうか。
>
> 本章では，食品の安全を支える様々なレベルでの標準的な仕組みについて紹介する。それらの仕組みが重層的に機能することで，消費者の信頼確保につながることが期待される。

1 フードシステムの進化と食品安全問題

　農水産業から食に至るまでの社会的分業と専門化は，グローバルに進んでいる。専門性が高まると，部分部分でその専門性が進化し，だんだん他の段階からは理解が難しくなる。私たち消費者に理解できないだけでなく，食品を扱う業者であっても，数段階前の生産や流通，加工で使われている技術を全て理解できるとは限らない。そのような状況の中でも，微生物のように流通段階で増える可能性のある危害をコントロールするには，各主体間のコーディネーションがたいへん重要となる。微生物でなくても，少量で感染を引き起こすタイプの病原体の場合，各主体間のコーディネーションが失われると思わぬ事故につながる可能性がある。多くの主体間で安全性を含む品質のコーディネーションをはかるためには，社会的分業・専門化と並行して，様々なレベルでの標準化が必要となる。中でも，フードシステムのそれぞれの段階で，相手が専門性を適正に発揮して安全な食品を提供していると信じることができる仕組みとその標準化が必要とされているのである。

　食品を安心して食べられるということは，とりもなおさずその食品を，そしてその食品を取り扱う様々な主体を，さらにはその食品をあなたの手もとまで運んできたフードシステムを，信頼することができるということを意味している。多くの食品は安価で購入頻度が高いことから，手間をかけて買い回ること

はそれほどないと考えられる。多様化した食品を目の前にして，価格や見た目などといった少ない手がかりから短い時間で購買意思決定を行うことができるのも，そうした信頼があったればこそである。

2 食品衛生に関する規格と表示制度

（1） 食品の規格基準

食品の安全性には，大きさや外観，鮮度，糖度といったその他の品質属性とは異なる側面がある。それは，品質面で劣るものを安い価格で流通させることが許されないという点である。食品衛生法第5条では，流通する食品が衛生的に取り扱われなければならないことが定められている他，同第6条では，表14-1に掲げた事項に該当するものを不衛生食品としてその流通を禁じている。言い換えれば，販売される食品はすべて安全でなければならないということになる。

表14-1　食品衛生法第6条に示された不衛生食品に該当する事項

① 腐敗，変敗したものまたは未熟なもの。
② 有毒，有害な物質が含まれ，もしくは付着しまたはこれらの疑いのあるもの。
③ 病原微生物により汚染されているものやその疑いのあるもので人の健康を損なうおそれのあるもの。
④ 不潔，異物の混入，添加などにより人の健康を損なうおそれのあるもの。

1）この他に，食品衛生法第51条では，飲食店などのように，公衆衛生に与える影響が著しい営業を行う施設（32業種）に関して都道府県知事が施設基準を定めることが求められており，同52条ではその基準を満たすものに営業許可を与えることが規定されている。2018年の食品衛生法改正では，包括的な把握を目的とした営業届出制度が新設された他，許可業種の整理・新設も行われた。

販売される食品の安全性を担保するために，厚生労働大臣は，流通する食品や添加物の製造などの方法について基準を定め，成分について規格を定めることができる[1]（食品衛生法第13条の1）。これにしたがう形で，例えば食品の場合，成分規格，製造・加工及び調理基準，保存基準が食品一般ならびに23の個別食品群について定められている。これらの規格基準のうち，食品の成分規格の中では，農薬や放射性物質，有害微生物などの残留基準が定められている。また，製造・加工及び調理基準では，加熱殺菌方法などが定められており，後に述べるHACCPの重要管理点における管理基準の設定の際にも参照される。保存基準では保存の際の温度などが定められており，その内容の一部は食品表示にも引き継がれることになる。

（2） 食品表示と安全

食品の表示については，これまで食品衛生法の他にJAS法（農林物資の規格

化などに関する法律）と健康増進法で一部重なりあう規定が混在していたが，2013年にそれらを整理した食品表示法が成立し，同法の下に食品表示基準も統一された。食品表示の中で安全性に関わる表示内容としては，原材料表記のアレルギー表示，保存方法の表示，期限表示などがあげられる。このうち期限表示については，定められた保存方法の下で安全に食べられる期限を示す消費期限の他に，全ての品質が保持される期限を示す賞味期限がある。後者は，それを過ぎたからといってすぐに安全性の問題が生じるわけではない。消費期限は品質が急激に劣化する食品（おおむね5日以内に食べられなくなるもの）に表示されるのに対し，賞味期限は比較的日持ちのする食品に表示される。

（3） 食品表示と遺伝子組換え食品

その他の多くの食品表示内容は，消費者の選択を助けるためのものと考えられる。例えば遺伝子組換え食品は，消費者の間では安全性も含めて様々な懸念があるところであるが，食品としての安全性及び生物多様性への影響については科学的に評価され，問題がないとされたもののみが流通している。したがって，遺伝子組換え食品に関わる食品表示は，安全性に関する表示というよりも，懸念を持つ消費者がそれを避けることができるようにするための表示と言うべきであろう。実際には，分別生産流通管理された遺伝子組換え食品を原材料とする場合に，その原材料に「遺伝子組換え」と表示することと，組換え・非組換えの分別が行われていない食品を原材料とする場合にその原材料に「遺伝子組換え不分別」と表示することが食品表示基準上の義務として定められている他，分別生産流通管理された遺伝子組換えでない食品を原材料とする場合には，任意表示内容として「遺伝子組換えでない」という表示が認められている。

3 食の安全性に関するリスク分析

（1） 食品のリスク

農薬に用いられる化学物質には，ある一定量を下回れば健康への悪影響が生じないという閾値が存在する。これに対し，遺伝毒性発がん物質には，ある一定量を下回ればがんを引き起こさないという閾値は存在しないと考えられており，農薬や食品添加物などの意図的に用いる化学物質としては使用が禁止されている。しかし，検出技術の向上などによって，環境中に存在して食品を汚染したり，調理過程で生じたりする遺伝毒性発がん物質が存在することが明らかになった。この場合，発がんのリスクをゼロにすることは不可能であり，どれ

第14章　食の安全と消費者の信頼

2）アメリカでは，遺伝毒性発がん物質を食品添加物として用いることを禁じたデラニー条項が1958年に制定されたが，その後ゼロリスクを目指す管理は非現実的であるとして，1996年に同条項は撤廃されている。

3）国連食糧農業機関（FAO）と世界保健機関（WHO）によって1963年に設置された国際的な政府間機関であり，食品に関する国際的な規格・勧告・指針の策定などを行う。

4）WTOの設置協定の一部で，SPS（Sanitary and Phytosanitary Measures）措置に関するルールを定めたもの。SPS措置とは，食品安全・動植物の健康に関する措置（検疫，最終製品の規格，生産方法，リスク評価方法など）のこと。

だけのリスクならば受け入れられるかを考慮したうえで，どれだけのリスクが残っているのかを評価する必要が生じる[2]。

　ここで，「リスク」という用語の定義を確認しておこう。食品分野のリスクの定義として，ここではコーデックス委員会[3]による定義を紹介する。食品中の具体的な危害要因のことハザードと呼ぶ。このハザードには，生物学的・化学的・物理的なハザードが考えられる。ハザードがいくら重篤なものであったとしても，その量が少なければリスクが大きいとは言えないだろう。そこで食品のリスクは，「食品中のハザードが引き起こす健康への悪影響の確率とその影響の重篤度の関数である」と定義される。

　販売される食品が全て安全でなければならないということは，食品が全てゼロリスクでなければならないことを意味しない。リスクが小さくなればなるほど，そのリスクをさらに小さくするためのコストが逓増的（次第に少しずつ増える）であると考えるならば，ある食品のリスクがゼロになるまで資源を投入するよりは，多くの食品のリスクを（ゼロではない）許容範囲にコントロールするように資源を配分するほうが効率的であると考えられる。リスクだけでなく栄養面などのベネフィットも兼ね備えた食品の場合，リスクを避けることでそうしたベネフィットを失うという別のリスクを引き受けることになるかもしれない。リスクという物差しを使って相対化することで，合理的な食品安全のマネジメントが可能になるのである。

（2）　食品のリスクと貿易

　それでは，リスクがどの程度であればその食品は安全であると言えるのだろうか。このことを考える手がかりは，実は経済にある。食と農のあいだの距離の拡大が叫ばれて久しいが，その距離は一国内にとどまるものではない。言うまでもなく食品は国際的に取引される商品である。わが国の食が輸入なしに成り立たないことは自明だが，自給率の高い国であっても食品の輸入額は決して小さくない場合が多い。リスクがどの程度であればその食品の輸入を認めるのかという問題は，ほとんどの国にとって，その国の食品安全の水準を規定する問題なのである。

　多国間貿易のルールを定める世界貿易機関（World Trade Organization：WTO）では，自由貿易推進のために関税以外の貿易障壁をできるだけなくすことが目指されているが，その中でも自国民の健康を保護する目的で食品や動植物に対して輸入停止などの措置（いわゆるSPS措置）を取る権利が，SPS協定[4]において保証されている。SPS措置は，人々や動物，植物の生命ないし健康に関してその国が適切と考える保護水準（Appropriate Level Of Protection：

ALOP）を達成するために必要な範囲で認められるが，原則として科学的証拠なしにその措置を維持してはならない（SPS協定第2条）。また，国際的な基準，指針，勧告がある場合には，SPS措置はそれに基づいて取ることが求められる（同第3条）が，その例外として，関連国際機関が定めたリスク評価の方法によって，関連する国際基準が自国のALOPを達成するために十分ではないことが科学的に正当化できる場合には，国際基準よりも厳しいSPS措置を取ることが認められる（同第5条）。食品の場合，コーデックス委員会がここで言う関連国際機関として国際基準やリスク評価の方法を定めている[5]。

（3） リスクアナリシスの枠組みと日本への導入

　コーデックス委員会が指針として公表しているのは，正確に言えば，各国政府が取るべきリスクアナリシスの枠組みに関する作業原則[6]であり，リスク評価はその政策的意思決定過程の一部として位置づけられる。リスクアナリシスは「リスク評価」，「リスク管理」，「リスクコミュニケーション」から構成される。実際のSPS措置はこのうちリスク管理の諸過程において選定・実行・モニタリングされるが，SPS措置の選定に至る過程で科学的に不明な点がある場合に，リスク評価機関に対してリスク評価が委託される[7]。リスクコミュニケーションとはこの両者を包含し，さらに両者を超えて全てのステークホルダーに対して双方向的な情報交換を行う過程であると理解される。このリスクアナリシスの枠組みは，食品リスクへの対策が科学的データに基づくことを要請するとともに，対策決定の過程の透明化をはかるものである。

　わが国において，このリスクアナリシスの枠組みが制度として整えられたきっかけは，2001年の国内での牛海綿状脳症（Bovine Spongiform Encephalopathy：BSE）の発生である。BSEは1986年にイギリスで発見され，その後EU域内に拡大した。1998年には現在の欧州食品安全機関（European Food Safety Authority：EFSA）の前身であるEU科学運営委員会が，EU加盟国ならびにEUへの輸出に関心を持つ第三国について，BSE発生リスクを評価する作業を開始し，日本も輸出国として評価を受けることとなった。評価の過程で，日本は4段階あるBSEの地理的リスク評価のうち，リスクの高いほうから2番目に当たる「BSE感染牛が国内にいる可能性が高いが，まだ確認されていない」と評価されることがEU側から指摘された。これを受けて農林水産省は評価の中断を要請したが，その直後に国内で最初のBSE感染牛が確認されることとなった。BSE発生を受けて農林水産大臣と厚生労働大臣の私的諮問機関として設置された「BSE問題に関する調査検討委員会」は，この評価中断を含む農林水産省の一連の行動が「生産者優先・消費者保護軽視[8]」であり，政策決

---

5) この他，動物衛生に関しては国際獣疫事務局（OIE）が，植物衛生に関しては国際植物防疫条約事務局（IPPC）が，それぞれ国際基準の設定主体として定められている。

6) Codex Alimentarius Commission, *Working Principles for Risk Analysis for Food Safety for Application by Governments*, CAC/GL, 62-2007.

7) この他に，リスク評価機関が自らのイニシアティブでリスク評価を行う場合がある。

8) 農林水産省『BSE問題に関する調査検討委員会報告』2002, p.21.

定過程が不透明であったと厳しく批判している。2003年に公布された食品安全基本法では，新たに食品に関するリスク評価機関として内閣府に食品安全委員会が設置され，リスク管理機関からリスク評価機関が分離されることとなった。

4 GAP と HACCP

2003年に公布された食品安全基本法第8条には，食品関連事業者自らが食品の安全性の確保について第一義的責任を負うことが明記されている。食品の安全性の確保のためには，必要な措置が食品供給工程の各段階で適切に講じられる必要がある（同法第4条）。本節では，これらの措置をフードチェーンの各段階で事業者自らが適切に管理する手段として位置づけられる2つの工程管理手法について学ぶ。

(1) GAP

Good Agricultural Practices（GAP）とは，わが国では農業生産工程管理[9]と呼ばれており，農林水産省の定義によれば，「農業において，食品安全，環境保全，労働安全等の持続可能性を確保するための生産工程管理の取組のこと」を指す。一口にGAPと言っても，その中身は様々で，農業生産の現場で当然満たされているべきものもあれば，経営改善の指針として活用されるものも，さらには民間の認証制度としてのGAPも存在する。それに応じて自主的取組み（ないしは自己認証），取引先による認証，第三者による認証など，認証のレベルも様々である。多くのJA（農業協同組合）では生産者に「GAPチェックリスト」などと呼ばれる農薬・化学肥料の使用履歴を記帳・提出することを出荷の条件として義務づけている。その残留農薬基準値を公的に設定する際に参照される作目・農薬ごとの適正な使用方法のこともGAPと呼ばれる。いずれも同じGAPという用語を使用するがそれらの内容は同じではなく現在では農薬の適正使用以外にも上述の定義のとおりGAPがカバーする範囲は拡大している。

様々な内容のGAPが存在することに対応して，GAPの目的も複数考えることができる。1つには，法令遵守のためのGAPがある。農業生産を行うにあたっては，多くの関係法令を遵守する必要があるが，その一つ一つを細部にわたるまで把握することは難しい。そうした場合に，この点検項目を守っていれば法令を遵守していることになるというような，具体的な作業手順が工程ごとに明らかになっていれば有用であろう。これが法令遵守のためのGAPであ

[9] ここで言う生産工程管理とは，生産ライン上のプロセス自体の管理だけでなく，その作業環境の整備や管理を含むものと解すべきである。新山陽子「食品安全のためのGAPとは何か」農業と経済，2010年6月号，pp.5-15（特にp.14）を参照。

り，農業生産現場で当然満たされているべき内容を明らかにしたものと位置づけることができる。

この目的のためのGAPと関連の深いものとして，欧米における農業補助金受給のためのクロスコンプライアンスをあげることができる。これは，補助金の受給資格を得るために遵守すべき法令を明らかにしたもので，EUでは2003年に規則として明示的に導入された。その中でも1991年に制定されたいわゆる硝酸塩指令[10]では，硝酸態窒素による地下水汚染を改善するためのGAPコード作成を各加盟国に求めている。これは，法令遵守のためのGAPであると同時に，環境保全のためのGAPと位置づけることができる。

この他のGAPの目的としては，食品安全のためのGAPがある。イギリスでは，1990年に制定された食品安全法において，汚染源がフードチェーンのどの段階であるかに関わらず，全ての食品事業者が最低限果たすべき注意義務（デューディリジェンス；due diligence）が導入された。これへの対応として小売業者はそれぞれ仕入先に農場認証プログラムを課す動きを見せた[11]が，監査の重複などの問題から，1997年にはヨーロッパ小売業生産ワーキンググループ（EUREP）が結成され，そこで統一された商業規格として民間の認証制度であるGAP（EUREPGAP）が形成された。ヨーロッパ以外の生産者や小売業者にもこのGAPを利用する動きが広がり，2007年にはEUREPGAPはGLOBAL G.A.P.とその名を変えている。GLOBAL G.A.P.は，現状では世界で最も普及したGAPと見られる。

民間の認証制度としてのGAPには，その後多様化する消費者の関心に対応して，環境保全はもちろん，労働衛生・労働福祉・動物福祉といった目的も含まれるようになった。こうした状況を踏まえて，国連食糧農業機関（Food and Agriculture Organization of the United Nations：FAO）では，主に途上国において持続可能な農業と農村開発[12]を達成するためのツールとしてGAPを位置づけている。2007年に公表されたガイドライン[13]では，GAPが推進する4つの分野として，「食品安全」，「環境」，「人々への安全保障」，「動物福祉」が掲げられている（図14-1）。

日本では，様々な主体が実情に合わせ，各都道府県版GAP，JAグループのGAP，生協版GAPなど，独自に「適正農業規範（GAP）」や「農業生産工程管理（GAP）」などの呼称でその導入を推進したことから，農業者や産地の混乱と負担が懸念される状況になった[14]。そこで農林水産省は2010年に「農業生産工程管理（GAP）の共通基盤に関するガイドライン」を策定している。本節冒頭に掲げたGAPの定義もこのガイドラインによるものである。同ガイドラインでは，法令遵守を前提として経営改善に活かすための工程管理として

10) EU「農業に起因する硝酸塩汚染に対する水質保護に関する理事会指令」(91/676/EEC), 1991.

11) Hobbs J, Incentives for the adoption of Good Agricultural Practices, *FAO GAP Working Paper Series*, No. 3, 2007, p.13.

12) 1992年の環境と開発に関する国際連合会議において合意されたアジェンダ21で提示された課題のひとつ。その後ミレニアム開発目標（MDGs）を経て2015年に採択された「持続可能な発展目標（SDGs）」でも主として目標2（飢餓を終わらせ，食料安全保障ならびに栄養改善を実現し，持続可能な農業を推進する）の中に引き継がれている。

13) Izquierdo, J., Fazzone M. R. and Duran M., *Guidelines "Good Agricultural Practices for Family Agriculture"*, FAO, 2007.

14) 堀内芳彦「GAPの普及・拡大に向けて—GAPの導入事例と東京オリパラ大会を視野に入れた政策動向を中心に—」農林金融, 第70巻7号, 2017, pp.2-20.

第14章　食の安全と消費者の信頼

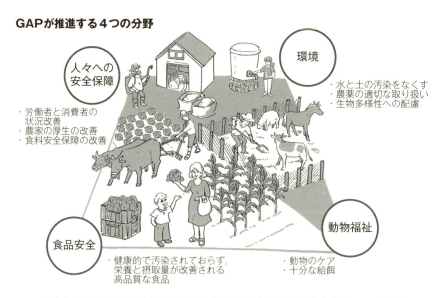

図14-1　FAO のガイドラインにおける「GAP が推進する 4 つの分野」
資料：FAO, Guidelines "Good Agricultural Practices for Family Agriculture", 2007, p.5を参考に作成.

GAP が位置づけられており，必ずしも第三者による審査・認証は求められていない。

（2）　HACCP

HACCP（ハサップ）とは，危害分析・重要管理点方式（Hazard Analysis and Critical Control Point）とも呼ばれ，主として食品工場における高度で効率的な衛生管理方式として発展したものである。食品の原材料の受入れから最終製品の出荷に至るまでの各工程ごとに，微生物などの生物学的危害，農薬などの化学物質による化学的危害，異物混入などの物理的危害について，それぞれ潜在的な危害要因を分析し，危害の発生防止につながる重要管理点を明らかにする。そのうえで，その重要管理点を連続的に監視・記録して逸脱時に適切な措置を講じることが主な内容である。コーデックス委員会により12手順7原則から成る HACCP 適用のガイドラインが示されている[15]。これまでの最終製品の抜き取り検査と比較して，より効果的に有害食品出荷の未然防止が可能となることが期待され，現在では食品工場だけでなく大量調理施設などにもその適用範囲は拡大している。

日本では，1995年の食品衛生法改正において，国による認証制度（総合衛生管理製造過程承認制度）としての HACCP が導入された。その後，国の認証ではカバーされない業種を中心に自治体版 HACCP 認証が各地で整備された一

15）コーデックス委員会「食品衛生の一般原則に関する規則」（CAC/RCP 1-1969）の附則（Annex）Rev. 4 として2003年に公表。

方で，GAPの場合と同様，取引先からの第二者認証や民間の第三者認証としてのHACCPも広く見られるようになった。また，業界団体などが作成した手引書をもとに自主的な取組みとしてHACCPを導入する企業もある。いずれの場合も，作業場への虫や小動物の侵入を防いだり，従業員の手指を清潔に保つなどの，主として作業環境の一般衛生管理が適切に定められ，実施されていることが，HACCP導入の前提条件となる。食品安全に関するGAPは，農場段階におけるこの一般衛生管理に相当するものと解される。

アメリカとEUでは，すでに全ての食品についてフードチェーンにおけるHACCP導入が義務づけられている。日本でも，2018年の食品衛生法改正によってHACCPに沿った衛生管理が制度化され，経過措置の後には全ての食品事業者にHACCPに基づく衛生管理計画の作成が求められることとなった[16]。ただし，ここで言う義務化とは認証取得の義務ではなく，営業許可などに際して行政がその状況をチェックし，必要に応じて指導を与えるものである。また，小規模事業者などには，重要管理点を設けず一般衛生管理のみでの対応を認めるなど，弾力的なHACCP適用がなされる。

[16] あわせて，2020年6月の同改正法施行にともなって，国による総合衛生管理製造過程承認制度は廃止された。

参考文献

斉藤 修（監修），中嶋康博・新山陽子（編著）『食の安全・信頼の構築と経済システム』農林統計出版，2016.

中嶋康博『食の安全と安心の経済学』コープ出版，2004.

新山陽子（編著）『食品安全システムの実践理論』昭和堂，2004.

● **演習課題**

課題1：様々な食品を手にとって，安全に関わる表示の内容について調べてみよう。

課題2：「ただちに健康に影響はない」と言われたらどう思うか，話し合ってみよう。

課題3：工程管理の自主的取組みと認証取得それぞれの長短について考えてみよう。

第14章　食の安全と消費者の信頼

コラム　食品トレーサビリティ

　食品トレーサビリティとは，コーデックス委員会によれば，「生産，加工および流通の特定の一つまたは複数の段階を通じて，食品の移動を把握できること」と定義される。食品トレーサビリティが確保されていれば，食品事故などの問題が発生した際に，その食品を遡及・追跡することが可能となり，円滑な商品回収や原因究明が期待できる。

　日本で食品トレーサビリティが制度として採り入れられたきっかけは，2001年の国内でのBSEの発生であった。現在では牛・牛肉の他に，米・米加工品についても法律でトレーサビリティが義務づけられている。

　トレーサビリティを確保するためには，まずその食品の原料や製品が識別管理されていなければならない。その識別単位ごとに，どこからいつどれだけ仕入れたか（ワンステップ・バックワード），どこへいつどれだけ販売したか（ワンステップ・フォワード）を記録し，それを事業者ごとに把握できれば，最低限のトレーサビリティは可能となる。これに加えて，原料の識別単位と製品の識別単位との対応づけが記録されれば（これを内部トレーサビリティと呼ぶ），より精度の高い回収・原因追求が可能となる。ただし流通段階での識別単位の統合・分割は避けられず，牛のように個体にまで遡ることができる食品は例外的である。トレーサビリティは食品の安全を直接確保するものではないが，安全に関する情報の伝達にも利用可能である。

　牛の個体識別情報については，（独）家畜改良センターのホームページ（https://www.id.nlbc.go.jp）で検索することが可能である。

耳標付きの子牛
写真提供：（独）家畜改良センター

牛の個体識別情報検索ページ
写真提供：（独）家畜改良センター

15 食料をめぐるいくつかの問題

> **サマリー**
>
> 本章では，食料をめぐる比較的新しい話題について取り上げる。始めに，環境問題に関連して，食品ロス，フード・マイレージを取り上げる。次に，近年，社会問題化している子どもの貧困に関連して，子ども食堂の取組みを紹介する。後半は，食料の生産現場である農業に関わる話題として，IT技術，6次産業化について，簡潔に述べる。本章で紹介する話題は，それぞれ独立しているようで，関連しあっていることを理解してほしい。

1 食料消費と環境問題

　本書を通じて，私たちが食料を購買・消費するまでには，様々な産業が関わりあっていることを学んできた。それらの産業，すなわち，フードシステムの川上・川中・川下に位置する産業，さらには「みずうみ」である消費者に至るまで，あらゆる段階において，環境問題が引き起こされている。例えば，農業生産において，農薬や化学肥料[1]が使用されることは一般的であるが，これらが適切に使用されなければ，土壌汚染や水質汚濁を招いたり，第14章（p.127）でもふれたような残留農薬などの食品の安全に関わる問題を引き起こすことがある。また，どの段階においても，化石燃料を用いたエネルギーを使用するだろうし，廃棄物が排出されるだろう。このように，食料と環境問題の関わりは，広範にわたっており，全容を解明するのは容易ではない。ここでは，特に食料消費の段階で起こりうる問題として「食品ロス」を，生産・流通の段階で起こりうる問題として「食品や容器包装のリサイクル」，そして食料の流通段階で起こりうる問題として「フード・マイレージ」を取り上げよう。

（1）食品ロス

　食品ロスとは，「まだ食べられるのに廃棄される食品」のことである。2015

[1] 農薬，化学肥料のみを例示しているが，環境問題と関連するのは，慣行農法（肥料の投入量や農薬の散布回数などにおいて相当数の生産者が実施している一般的な農法）に限った話ではない。例えば，有機農業で用いられる投入物（熔リン，堆肥など）であっても，適正な量が施用されなければ，同様の問題が起こりうる。

第15章　食料をめぐるいくつかの問題

図15-1　食品ロス削減のための啓発資材例〔消費期限＿環境省ロゴのみ（白黒）バージョン〕

資料：環境省HP「すぐたべくん」ダウンロードページ（http://www.env.go.jp/recycle/food/post_30.html）

年度における推計によると、日本での食品ロスは646万tで、国民一人当たりに換算すると、毎日、約139g（茶碗1杯分）の食品が、まだ食べられるのに捨てられていることとなる。食品ロスの削減に向けて消費者ができること、例えば「すぐ食べる」商品について、消費期限や賞味期限が近い商品から購入することが考えられる。こういった消費行動の啓発のために、環境省及び農林水産省では、地方自治体や事業者など向けに、図15-1に示すような啓発資材を公表している。

また、食品ロスを削減するための手段として、食品企業の製造工程で発生する規格外品などを引き取り、福祉施設などへ無料で提供する「フードバンク」の活動も注目されており、農林水産省でもその活動を支援している。

（2）食品リサイクルと容器包装リサイクル

廃棄物の発生抑制、資源の循環的利用などによって天然資源の消費を抑制し、環境への負荷をできる限り低減する循環型社会の形成が重要な課題となっている[2]。このうちフードシステムに関係する取組みに食品リサイクル法[3]と容器包装リサイクル法[4]がある。

前述のように、食品ロス646万tを含め食品廃棄物[5]は2,842万tにも上っており（2015年度）、このうち2,010万tが食品関係事業者によるものである。食品リサイクル法に基づきその減量、再生利用、熱回収が進められており、このうち再生利用は1,426万t（うち飼料向け1,059万t、肥料向け249万t、エネルギーなど向け117万t）となっている[6]。食品リサイクル法では再生利用などの実施率の目標値が業種別に定められており、食品製造業が最も高く95％（2016年度の実績95％）、次いで食品卸売業70％（同65％）、食品小売業55％（同49％）、外食産業50％（同23％）と実績が川下になるほど低くなる[7]ことを反映して設定されている。

また、食品の包装容器のリサイクルも大きな課題となっている。2016年でボ

2）「循環型社会形成促進基本法」（2000年）

3）「食品循環資源の再生利用等の促進に関する法律」（2000年）

4）「容器包装に係る分別収集及び再商品化の促進等に関する法律」（1995年）

5）食品の製造段階で排出される産業廃棄物（動植物性残渣など）、流通・消費段階で排出される一般廃棄物（売れ残り、食品廃棄、調理くず、食べ残しなど）から成る。

6）環境省『食品廃棄物等の利用状況等（平成27年度推計）〈概念図〉』

7）農林水産省食料産業局『食品リサイクルの現状』2018.

トル用PET樹脂の需要量700千tのうち，食品関係が663千tと95％を占めており[8]，フードシステムはその循環利用に大きな責任を負っている。容器包装リサイクル法では，リサイクルにおける市町村，容器包装の利用事業者などの関係者それぞれの役割が規定されており，消費者は分別排出，市町村は分別収集，容器の製造事業者や利用事業者は再商品化義務（再商品化費用負担），再商品化事業者は再商品化実施という役割分担となっている。2017年のPETボトルの回収率は92.2％となっている。

（3） フード・マイレージと地産地消

　高度に流通が発達した現代において，私たちは多くの国々の食料（食品）を購買することができるようになった。その一方で，食料を輸出入する際には船舶や航空機を用いる必要があり，大量のエネルギーを消費する。その結果，温室効果ガスも増大する。食料の輸入に注目し，これが地球環境に与える負荷について把握しようという動きが，「フード・マイルズ[9]運動」としてイギリスで始まった。計算方法は，以下である

食料の輸送量×輸送距離（単位：t・km）

　単純であり，フード・マイルズは「食」と「農」の距離や環境負荷を示す指標と言える。日本では，「フード・マイレージ」の用語で知られており，品目別輸入量と輸送距離との積の総和を求める方法が一般的で，2001年に9,002億t・km，2010年に8,669億t・kmとなっている[10]。これは，世界各国のフード・マイレージと比較して，きわめて高い。

　消費者が，国内産の食料を多く消費するようになれば，その輸送距離は短くなる。すなわち，フード・マイレージの数値は減少する。このように，フード・マイレージの概念は，「国産の食料を消費することが，国内の農業を守るだけでなく，環境問題の解決にも貢献する」という考え方のベースともなっている。さらに，もとは食料の「輸入」に焦点を当てているこの考え方を国内の長距離輸送による環境負荷の影響に読み替えて，地産地消の利点を示す際にもよく使われる。

2 子ども食堂の取組み

　近年，「子ども食堂」と呼ばれる取組みが急増している。貧困状態にある親子や子ども[11]の栄養不足や孤食への解決策として，民間で取り組まれていた活動が報道され，2012年頃から広まり始めたと言われている。2016年に300カ

[8] PETボトルリサイクル推進協議会のホームページより。

[9] 1994年，イギリスのNPOであるSAFE Alliance（現Sustain）によって提唱された指標。

[10] このようにフード・マイレージは輸送段階での環境負荷の指標であり，生産段階での環境負荷は別途考慮しなければならない。
中田哲也「日本の輸入食料のフード・マイレージの変化とその背景―フード・マイレージからみた食料輸入構造の変化に関する考察―」フードシステム研究，第18巻 第3号，2011，pp.287-290.

[11] 子どもの貧困は，大きく分けると，子ども（17歳以下）が，次の2つのいずれかの状態にあることを指す。ひとつは絶対的貧困で，必要最低限の生活水準が満たされておらず，心身の維持が困難な状態である。もうひとつは相対的貧困で，貧困線に満たない所得で生活している状態である。貧困線は，等価可処分所得（世帯の可処分所得を世帯人員の平方根で割って調整した所得）の社会全体の中央値の50％である。例えば，2015年の貧困線にあたる年収は122万円である。

所以上とされた子ども食堂の数は，2018年には2,286カ所[12]と報じられている。

子ども食堂に明確な定義はない[13]ものの，地域の子どもたちに無料あるいは低額の食事を提供するという共通した特徴はある。また，必ずしも子どものための食堂のみを指し示しておらず，単身を含む高齢者の集まりの場，子育て層の交流の場として共食する機会を提供することなども，子ども食堂に含まれる。食料の調達先として，フードバンクが活用されることがある。これらの取組みは，子どもの栄養改善のみならず，子どもの貧困対策，居場所づくり，精神的健康の増進，共食の機会の増加といった食以外の面においても効果があることが明らかにされている。また，子どもに対してのみならず，保護者や地域住民に対しても積極的な意義があることが推察されている[14]。また，農林水産省では，先行事例を収集・整理したうえで情報提供するなどして，子ども食堂と連携した地域における食育を推奨している。

3 食料とIT技術

ITはInformation Technology（情報技術）の略で，情報処理に関する技術の総称である。国際的に標準的に用いられる情報伝達技術（Information and Communication Technology：ICT）は，ITとほぼ同義の用語だが，情報処理の技術の活用方法を指している。近年，よく見かける用語にIoT（Internet of Things：モノのインターネット）があるが，これは，身の回りのあらゆるモノがインターネットにつながる仕組みのことで，ITやICTの一部である。

フードシステムの分野においては，身近では消費者に対するインターネット販売が盛んである。また，スーパーでは商品についたバーコードをレジに読み込ませるPOS[15]システムが一般的である。POSシステムはスーパーや外食のチェーン運営では欠かせない情報システムであり，売上げの情報をリアルタイムでチェーン本部，場合によっては供給業者と共有することによって効率的なチェーン運営を可能にする。スーパーや外食チェーンはIT技術を活用することにより発展してきたと言っても過言ではない。さらに，最近では店舗での決済をカードやスマートフォンで行うキャッシュレス化が始まりつつある[16]。

以下では，情報技術の発達によって起こった食料をとりまく新しい動きについて，生産段階の変化に注目し，栽培管理の「見える化」やスマート農業について簡単に見てみよう。

（1）栽培管理の「見える化」

第9章（p.81）でも見てきたように，日本の農業においては，兼業化や高齢

---

12) 毎日新聞デジタル（2018年4月3日号）どのような活動を子ども食堂に含めるかの判断は，回答者に委ねていることには注意が必要である。

13) 農林水産省では，「子供食堂」と表記のうえ，「近年，地域住民等による民間発の取組として無料または安価で栄養のある食事や温かな団らんを提供する子供食堂等が広まっており，家庭における共食が難しい子供たちに対し，共食の機会を提供する取組が増えています」と紹介している。

14) 町田大輔，長井祐子，吉田亨「実施者が評価する子ども食堂の効果：自由記述を用いた質的研究」日本健康教育学会誌，第26巻第3号，2018，pp.231-237.

15) Point of Salesの略で，販売時点管理と訳される。

16) 中国ではキャッシュレスが一般的と言えるくらいに進んでいる。日本でも2020年の東京オリンピック・パラリンピックで海外からの来日客が増えると見込まれることをにらんで，キャッシュレス決済を盛んにしようという動きになっている。

化が進んだ結果として，後継者不足の問題が深刻である。これと関連するかたちで，人材育成や技術的な継承の問題も立ち上がってきている。これまでは，家族農業経営を基本として経営継承が行われてきた。家族間で継承が行われる場合には，「勘」を含めた技術の向上や経営管理について一世代をかけてじっくりと時間をかけることが可能であったが，法人化の進展や非農家からの就農が一般的に見られるようになった今日においては事情が異なる。様々な出自を持つ労働者や経営者候補に向けて，より効率的に技術や知識を教育し，人材を育成する必要がある。土づくり，播種，施肥といったことから農機具の用い方に至るまで，マニュアル化をはかることによって作業の質を標準化することが求められており，これに応えるかたちで，栽培の「見える化」は進んできた。

　もちろん，背景にあるのはそれだけではなく，トレーサビリティ〔食品の履歴が追跡可能なこと，第14章コラム（p.136）を参照〕の確保が消費者や流通側から求められていることは，「見える化」を推し進めたと言える。さらに，気候変動の激しい現代において環境をモニタリングすることがより重要になっていることや，より農産物の質を向上させたい農業経営者の緻密な管理への熱意などもこの動きを後押ししていると思われる。

　栽培管理について，圃場（作物を育てる田畑）ごとの実績やコストを細分化して観察することができる，農業経営を客観視できるなど利点は大きい。一方で，導入にコストがかかるという点や汎用的な管理システムは構築しにくい[17]といった点が，やや難点であり，これらの点を改善する必要があるだろう。

（2）スマート農業

　スマート農業は，ロボット技術やICTを活用して，省力化・精密化や高品質生産を目指す農業全般を指す。未だ試験段階にあるものがほとんどであるが，ドローン[18]を用いた農薬散布，画像認識を用いた果実の収穫，複雑な作業のロボット化，重労働の一部補完を行うアシストスーツ[19]など，実現できれば農作業の大幅な省力化，軽労化を進めることとなる。また，IoTの進展は，画像付きデータの蓄積やリアルタイムで膨大な生データのやり取り，さらに，ひと昔前には考えられなかったデータ処理，分析，連携を可能にしている。これらがうまく活用されるようになれば，農業技術に大きな革命をもたらす可能性がある。農業従事者の高齢化など労働力不足となっている現場にとっては，期待の大きい技術であるが，実用化や一般的な農業経営への普及には，しばらく時間がかかるかもしれない。

　栽培管理の「見える化」やスマート農業を推進するために，農林水産省で

17）農業は，気候や土壌などが地域や経営ごとに異なり，しかも限定的な要素の影響を大きく受けるため，汎用的なシステム構築は困難とされている。

18）ドローンの活用案として，農薬散布の他，資材の葉面散布，生育診断（カメラを搭載し，生育ムラを観察），妊娠牛の分娩管理（放牧地の監視による分娩徴候の把握）などの試験結果が報告されている（農林水産省生産局『スマート農業取組事例』）。

19）アシストスーツは，収穫物の積み下ろしなどの重労働を軽労化することを目的に，作業者が装着する。和歌山大学などが開発に関わっているが，運搬時間の短縮，作業負荷の軽減といった効果が確認されている。今後，低コスト化，着脱のしやすさ，軽量化などが技術的な課題とされている（農林水産省生産局『スマート農業の展開について』）。

は，様々な農業技術に関する情報を集約した「農業技術総合ポータルサイト」，研究者や研究成果などの情報を提供する「アグリサーチャー：農業研究見える化システム」を，2017年4月からHP上で公開しているので検索してほしい。

4 6次産業化

「農林漁業の6次産業化[20]」とは今村奈良臣氏（東京大学名誉教授）が提唱したもので，農業は第1次産業（生産）にのみとどまるのではなく，第2次産業（加工）や第3次産業（流通・販売）にまで乗り出す必要がある，というものである。6次産業化の機運が高まる背景のひとつとして，第1章（p.8）で扱ったように，フードシステムの市場規模は拡大しているにも関わらず，飲食費の帰属割合は流通業や外食産業で高まり，農水産業では低下していることがあげられる。

6次産業化は，1次産業の事業者が加工や販売に乗り出すこと，いわゆる垂直統合の取組みに限定していると思われがちだが，実際には，2次産業や3次産業の事業者との連携の取組みである場合のほうが一般的である。具体的な取組みについても，加工，販売，レストラン，観光農園，研究開発といったものが想起されやすいが，実際には，6次産業化の市場[21]において，農産物直売所と農産物の加工で95％程度の販売金額（2016年度）を占めている。2016年度調査によると，6次産業化の市場規模は2兆円程度であり，2010年度から見て22.5％程度増加している。政府としては，これを2020年までに10兆円規模まで拡大することを目標としており，各種の支援[22]を行っている。

[20] 農林水産省では，「1次産業としての農林漁業と，2次産業としての製造業，3次産業としての小売業等の事業との総合的かつ一体的な推進を図り，農山漁村の豊かな地域資源を活用した新たな付加価値を生み出す取組」とされている。また，これによって，農山漁村の所得の向上や雇用の確保を目指している。

[21] 農林水産省が，2010年度から6次産業化総合調査を行っているが，6次産業化の取組みは「農業生産関連事業」というかたちで把握される。

[22] 法に基づく6次産業化として，通称「六次産業化・地産地消法」に定める総合化事業計画の認定がある。認定を受けた場合には，6次産業化プランナーという専門家によるアドバイスや株式会社農林漁業成長産業化支援機構（A-FIVE）による出資と経営支援を受けることができる。

●演習課題

課題1：食品ロスの問題に関連して，「3分の1ルール」の習慣について調べてみよう。

課題2：食料とIT技術に関連して，インターネット通販の利点と課題について話し合ってみよう。

課題3：農業者が6次産業化に取り組む際の利点と課題について話し合ってみよう。

コラム　6次産業化：茶業経営の場合

6次産業化は，農業政策上，比較的新しい概念と言うことができるが，1次産業の現場からみると，以前からこれに類する取組みは多く見られた。また，部門によっては，6次産業化の取組みがそもそも内在している場合もある。

例えば，茶業経営の例を見てみよう。緑茶生産の場合の工程を簡単に見てみると，まず，茶園には茶樹が植え付けられているが，ここから，① 生葉を収穫する。② 収穫後すぐに，保存できる荒茶という状態に加工する〔蒸す（炒る場合もある），揉む，乾燥させるなどの処理を行う〕。③ 出荷するためには，さらに仕上げ茶という状態に加工する（選別，火入れ，ブレンドなどの処理を行う）。茶業経営は，①のみ行う農業経営，①＋②を行う農業経営，①＋②＋③を行う農業経営，さらには販売まで行う農業経営まで，かなり古い時代から確認されている。①＋②以降は，すべて6次産業化の取組みと言うことができる。加工，販売に限ったところでの事業範囲や受委託例は表のような形になり，非常に複雑である。

地域によって様々ではあるが，茶業経営においては，茶商（茶を専門に扱う仲卸業者，茶の専門店経営を兼営する場合も多い），茶業機械のメーカー，場合によっては消費者とも直接，取引関係を結んできた。茶業をとりまく取引関係については，複雑で未解明な部分も多いが，これらを明らかにすることは，今後の6次産業化の取組みにとって有用なヒントとなりうるだろう。

茶業経営の事業範囲と受委託の例

		農業経営体の事業範囲				農業経営以外		
		A	B	C	D	E	F	G
生産		■	■	■	■			
加工	一次加工（荒茶製造）		■	■	■	■		
	二次加工（仕上げ茶製造）			■	■	■	■	
流通（販売）					■	■	■	
委託		B, C, D, E	D, E, F	D, E, F, G				
受託			A	A	A, B, C	A, B, C	B, C	C

参考図書

　本書の記述は各分野についての基本的事項に絞り込んである。さらに深く学びたいと思う読者にはそれぞれ特徴のある，比較的新しい次の3冊の文献を勧めたい。

　　1．時子山ひろみ・荏開津典生・中嶋康博『フードシステムの経済学　第6版』医歯薬出版，
　　　　2019年2月

　特に食生活，食料消費に関する記述が充実している。消費に関する経済理論に詳しく，全体的に論理的な記述で一貫している。フードシステムのうち食料消費に関心のある読者には特に得るところが多いであろう。

　　2．高橋正郎監修，清水みゆき編著『食料経済　フードシステムからみた食料問題　第5版』
　　　　オーム社，2016年7月

　本書で取り扱っているほぼ全ての分野について詳細な記述がなされている。フードシステムの川中，川下（食品製造業，食品流通業，外食産業など）に関心のある読者には大いに参考になるであろう。

　　3．荏開津典生・鈴木宣弘『農業経済学 第4版』岩波書店，2015年4月

　フードシステムの最も川上に位置する農業について，一般の経済理論を農業の実態に適用しつつその生産と需要の経済的側面を明らかにしたものである。農業や一般の経済学の考え方に関心のある読者にはこの本を勧めたい。

索 引

英字

EPA	122
EUREPGAP	133
FTA	122
GAP	132, 133, 134
GDP	7
GLOBAL G.A.P.	133
HACCP	128, 134
M字カーブ	25
PFC熱量比率	15, 16
Point Of Sales	58
POSシステム	140
POSレジ	58
RCEP	124
SDGs	96
TPP	123
UR	118
UR農業合意	120
WTO農業協定	121

あ行

相対取引	46
委託集荷	46
一物一価	117
遺伝子組換え食品	129
飲食サービス業	74
飲食費	4
内 食	61
売れ筋商品	58
栄養バランス	15, 19
栄養不良人口	102
M字カーブ	25
エンゲル係数	17, 21, 22
エンゲルの法則	21
卸売業	2
卸売業者	45
卸売市場	43, 44
卸売市場法	44, 46, 48

か行

外 食	27
外食産業	2, 63
買 付	46
買い物コスト	60
買い物弱者	26, 60
価格形成機能	46
価格弾性値	23
価格弾力性	22
家計調査	12, 17, 18
加工機能	42
ガット	117
ガット・ウルグアイ・ラウンド	117
ガット11条国	119
ガットの3原則	118
関 税	118
環太平洋パートナーシップ協定	123
規格基準	128
基幹的農業従事者	82
帰属割合	9
規模の経済	44
業 種	51
業 態	51
金融機能	42
研究開発費	36
兼業化	81, 82

索　引

兼業農家 …………………………………… 81
広告費 ……………………………………… 37
高度経済成長期 ………………………… 12, 13, 17
購買機能 …………………………………… 42
小売業 …………………………………… 1, 51
コーデックス委員会 ……………… 130, 131, 134
コールドチェーン ………………………… 50
国内生産額 ………………………………… 31
国民健康・栄養調査 ……………… 11, 12, 16
穀物自給率 ………………………………… 90
孤食 ……………………………………… 26, 72
個食 ……………………………………… 26, 72
固食 ………………………………………… 26
子ども食堂 …………………………… 139, 140
米需要の減退 ……………………………… 80
米の消費 …………………………………… 12
雇用 ………………………………………… 7
コンビニ ……………………………… 54, 56, 57, 58

さ 行

栽培管理の「見える化」 ………………… 141
3大穀物 ………………………………… 109
残留農薬検査 ……………………………… 50
市場外流通 …………………………… 45, 47, 48
市場経由率 …………………………… 45, 46, 47
市場情報機能 ……………………………… 42
市場流通 ……………………………… 45, 48
持続可能な開発目標 …………………… 96, 106
死に筋商品 ………………………………… 58
集荷（品揃え）・分荷機能 ……………… 46
集中出店方式 ……………………………… 58
集落営農 …………………………………… 82
主食的調理食品 …………………………… 71
需要曲線 …………………………………… 22
需要の価格弾性値 ………………………… 47
需要量の価格弾性値 ……………………… 23
需要量の所得弾性値 ……………………… 24
純食料 ……………………………………… 12

純輸出比率 ……………………………… 108
商的流通機能 …………………………… 41, 42
消費者主権 ………………………………… 19
商品の規格化 ……………………………… 55
情報受発信機能 …………………………… 47
情報の非対称性 …………………………… 42
食　育 ……………………………………… 19
食育基本法 ………………………………… 19
食生活の高度化・洋風化 ……………… 14, 16, 47
食生活の変化 …………………………… 80, 93
食の外部化 ……………………… 9, 18, 47, 49, 62
食の外部化率 …………………………… 18, 25
食品安全基本法 ………………………… 132
食品衛生法 ……………………………… 128
食品小売業 ………………………………… 73
食品製造業 ……………………………… 2, 74
食品問屋 …………………………………… 48
食品の安全性 …………………………… 128
食品表示基準 …………………………… 129
食品表示法 ……………………………… 129
食品リサイクル法 ……………………… 138
食品流通業 ………………………………… 5
食品ロス ……………………………… 96, 137, 138
食料安全保障 ………………………… 94, 106
食糧管理制度 ……………………………… 80
食糧管理法 ………………………………… 85
食料自給率 ………………………………… 89
食料自給力 ………………………………… 95
食料需給表 ……………………………… 11, 12
食料の摂取構成 …………………………… 13
食料品スーパー ………………………… 54, 73
食料品専門店 ……………………………… 52
食料品中心店 ……………………………… 52
女性の社会進出 …………………………… 25
所得弾力性 ………………………………… 23
所有権の移転 ……………………………… 42
人口増加率 ……………………………… 101
信　頼 …………………………………… 127

146

スーパーマーケット	51	中　食	25, 27, 48, 56, 57, 61
スマート農業	140, 141	中食産業	3
生活習慣病	19	中食商品	74
生産集中度	35	日欧EPA	124
セリ・入札	46	日本型食生活	16, 26
セルフサービス	54, 55	認定農業者	82
専業農家	81	値引きロス	55
選択的拡大	80	農業基本法	80
セントラルキッチン	65	農業経営費	84, 86
総合食料自給率	90	農業産出額	79
総合スーパー	54, 74	農業参入	83
総合的計量手段	120	農業所得	84, 86
惣　菜	70	農業所得率	85
粗食料	12	農業生産工程管理	126
		農業粗収益	84, 85
		農産物直売所	48
		農地中間管理機構	87
		農地法の改正	82

た行

大規模小売店舗法	58
代金決済機能	46
大店法	58
対面販売	54
多頻度小口配送	58
チェーンオペレーション	59
畜産物消費	14
畜産物の生産	14
地産地消	139
地方卸売市場	44
中央卸売市場	44, 46, 50
中央卸売市場法	44
中間業者	43, 44, 47
朝食欠食率	17
調理食品	71
ドミナント出店方式	58
取引総数最小化の原理	43
取引費用	44
トレーサビリティ	141

は行

廃棄ロス	55
売買参加者	45
販売機能	42
販売時点情報管理	58
東アジア地域包括的経済連携	124
肥満率	104
標準化	59
標準化機能	42
フードシステム	19, 127, 137, 139, 142
フードバンク	138, 140
フード・マイルズ運動	139
フード・マイレージ	139
付加価値額	35, 76
付加価値率	76
物的流通機能	41, 42
プライベート・ブランド	54
フランチャイズ方式	65
分業の利益	43

な行

仲卸業者	45

索 引

ベジフルスタジアム……………………50
ペティ＝クラークの法則………………109
貿易創出効果……………………………123
貿易転換効果……………………………123
貿易率……………………………………113
包括的関税化……………………………120
ホーム・ミール・ソリューション……77
ホーム・ミール・リプレイスメント…77
保管機能…………………………………42
補助的流通機能……………………41, 42

ま行

マルサスの命題…………………………100
ミールキット……………………………78
ミール・ソリューション………………78
最寄店……………………………………53

や行

輸送機能…………………………………42

輸入割当…………………………………118
容器包装リサイクル法…………………138

ら行

ライフスタイル…………………………27
リスク……………………………………129
リスクアナリシス………………………131
リスク管理………………………………131
リスクコミュニケーション……………131
リスク評価………………………………131
リスク負担機能…………………………42
流通機能…………………………41, 42, 43
ロイヤルティ……………………………66
6次産業化………………………………142

わ行

和　食……………………………………27
ワンストップ・ショッピング…………54

●編著者　　〔執筆分担〕

薬師寺哲郎	中村学園大学栄養科学部フード・マネジメント学科　教授	第1章, 第4章, 第8章 第7章コラム
中川　隆	中村学園大学流通科学部流通科学科　准教授	第2章, 第5章, 第10章コラム

●著者（五十音順）

清水純一	ノートルダム清心女子大学人間生活学部人間生活学科　教授	第11章, 第12章, 第13章
新開章司	福岡女子大学国際文理学部食・健康学科　教授	第3章, 第10章
高橋克也	農林水産政策研究所食料領域　総括上席研究官	第6章, 第7章
西　和盛	宮崎大学地域資源創成学部地域資源創成学科　教授	第9章, 第15章
山口道利	龍谷大学農学部食料農業システム学科　准教授	第14章

フードシステム入門 ─基礎からの食料経済学─

2019年（平成31年） 4月25日　初 版 発 行
2025年（令和7年） 2月25日　第4刷発行

編著者　薬 師 寺　哲　郎
　　　　中　川　　　隆

発行者　筑　紫　和　男

発行所　株式会社 建 帛 社
　　　　KENPAKUSHA

〒112-0011　東京都文京区千石4丁目2番15号
　　　　　　TEL (03) 3944 - 2611
　　　　　　FAX (03) 3946 - 4377
　　　　　　https://www.kenpakusha.co.jp/

ISBN 978-4-7679-0636-2　C3077　　　　中和印刷／ブロケード
©薬師寺哲郎, 中川　隆ほか, 2019.　　　Printed in Japan
（定価はカバーに表示してあります）

本書の複製権・翻訳権・上映権・公衆送信権等は株式会社建帛社が保有します。

JCOPY〈出版者著作権管理機構　委託出版物〉

本書の無断複製は著作権法上での例外を除き禁じられています。複製される場合は，そのつど事前に，出版者著作権管理機構（TEL 03-5244-5088，FAX 03-5244-5089, e-mail：info@jcopy.or.jp）の許諾を得て下さい。